孙日明 郭成龙 周志强 著

线阵测量下运动估计的实用手册

以空间失稳目标运动估计为例

清华大学出版社
北京

内 容 简 介

本书以空间失稳目标在线阵测量系统下运动估计为例，详细讲述了线阵式三维测量下运动估计及三维重建需要解决的技术问题。同时，为保障充足的实验数据，介绍了一般性线阵式三维测量仿真数据集的构建方法，完成了线阵式测量系统搭建并形成应用的闭环。本书共 5 章，分别为动态目标的三维测量、线阵激光雷达下空间失稳目标的成像建模、基于特征点轨迹的空间失稳目标运动估计、基于三维整体点云序列的空间失稳目标的运动估计、噪声干扰下基于三维整体点云序列的空间失稳目标运动估计。

本书可作为线阵式三维测量下运动估计及成像畸变矫正技术研发人员的操作指南。

图书在版编目（CIP）数据

线阵测量下运动估计的实用手册：以空间失稳目标运动估计为例 / 孙日明，郭成龙，周志强著. -- 北京：清华大学出版社，2025. 9. -- ISBN 978-7-302-70364-8

Ⅰ. P236-62

中国国家版本馆 CIP 数据核字第 20254Y825C 号

责任编辑：戚　亚
封面设计：常雪影
责任校对：欧　洋
责任印制：沈　露

出版发行：清华大学出版社
　　　　　网　　　址：https://www.tup.com.cn，https://www.wqxuetang.com
　　　　　地　　　址：北京清华大学学研大厦 A 座　　　邮　　编：100084
　　　　　社　总　机：010-83470000　　　　　　　　　邮　　购：010-62786544
　　　　　投稿与读者服务：010-62776969，c-service@tup.tsinghua.edu.cn
　　　　　质量反馈：010-62772015，zhiliang@tup.tsinghua.edu.cn
印　装　者：三河市龙大印装有限公司
经　　　销：全国新华书店
开　　　本：155mm×235mm　　印　张：7　　　字　　数：126 千字
版　　　次：2025 年 9 月第 1 版　　　　　　　印　　次：2025 年 9 月第 1 次印刷
定　　　价：99.00 元

产品编号：113060-01

前　言

在目标探测技术急需用于工业生产、资源勘探、自动驾驶、智能机器人、空间在轨服务等领域的今天，三维测量方式以其全面立体地描述待测目标成为探测技术的主流方式。同时，以线阵为成像基元的三维测量兼具测量精度高、测量视场角大、成像速度快、成像分辨率高等优点，成为远距离大型测量目标精密测量的首选方式。

基于线阵式三维测量的成像机制（每个时刻只能获取测量目标的一组线信息），对于动态目标（位姿一直处于变化状态），不同时刻获取的是当前时刻下目标单元位置的距离信息，直接组合这些线信息并不能真实反映测量目标的三维形貌，这些信息也因此被称为畸变的点云数据。实际上，这类畸变点云数据中蕴含了测量目标的运动信息，能够用于测量目标的运动估计。同时，估算的运动参数也能够用于对畸变点云数据进行矫正，进而得到测量目标的真实三维位姿。

基于此，本书以空间失稳目标为实例，详细介绍了线阵式测量下的运动估计及三维重建方法，包括运动模型构造、运动参数优化求解、点云畸变矫正方法，并搭建了一般性空间失稳目标线阵成像建模方法，为模拟不同分辨率下、不同运动状态下的运动估计提供数据支持。

本书共 5 章：

第 1 章为动态目标的三维测量。介绍了 3 种常用的动态目标的测量方式（多目视觉、结构光、激光测距），并说明本书采用线阵激光雷达进行三维测量的原因。

第 2 章为线阵激光雷达下空间失稳目标的成像建模。介绍了一般性线阵式三维测量仿真数据集的构建方法，并给出了基于数据采集完整性评估的雷达参数优选方法，为雷达参数优化提供指导和参考依据。

第 3 章为基于特征点轨迹的空间失稳目标运动估计。介绍了空间失稳目标运动模型的进化过程，最终在实现减少待定参数的同时化运动估计问题为无约束下高维非线性乃至多项式结构的求解问题。

第 4 章为基于三维整体点云序列的空间失稳目标运动估计。介绍了基于三维整体点云序列的空间失稳目标运动估计方法，包括传输模型表述下的渐进式运动估计机制和运动物理参数表述下的迭代收敛方案。

第 5 章为噪声干扰下基于三维整体点云序列的空间失稳目标运动估计。介绍了噪声干扰下空间失稳目标的运动估计方法，包括两个层次下的基于高斯混合模型的空间失稳目标运动估计机制。

本书的具体编写工作分工如下：孙日明编写第 1～4 章，周志强编写第 5 章。由郭成龙负责本书所有章节的整合、修正、校对工作。感谢清华大学出版社戚亚老师对本书出版的重要贡献。

限于作者水平，书中缺点和错误之处，敬请读者批评指正。

作　者

2025 年 5 月

目　录

第1章　动态目标的三维测量

科学是从测量开始的,测量技术是科学发展的基石。相比一维、二维数据对测量目标的管窥蠡测,三维数据能够更全面、完整地描述待测目标。在目标探测技术急需用于工业制造、资源勘探、自动驾驶,智能机器人、空间在轨服务等实际场景中的今天,三维测量技术应运而生。如何快速准确地获取测量目标的三维信息,为下游科学技术研究提供数据支持,研究人员从硬件设备、成像系统、数据后处理技术等几个方面进行了改进。

一般来说,探测目标可以分为静态目标和动态目标两大类。静态目标是指空间位置姿态相对固定的目标,如桥梁、隧道、文物等;动态目标是指空间位置姿态不断变化的目标,如卫星、车辆、行人等。对于静态目标,探测的主要目的是描述其物理特征,比如形状、尺寸、质量等。对于动态目标,探测的目的不仅是测量其物理特征,还是通过测量了解其运动特征,比如速度、方向、距离等。

从探测方式来说,获取测量目标的三维结构可以大致分为接触式测量和非接触式测量。接触式测量以其能够达到纳米级[1]的精度成为小型刚体高精度测量的待选工具。然而,接触式测量需接触待测目标,测量效率低,测量区域有限,不适合测量大尺寸的复杂目标,更难以成为动态目标的实时测量工具。非接触式的三维测量并不需要接触测量目标的表面,随着成像技术的进步,其更加适用于复杂形貌、动态目标的三维测量。如何根据测量目标的物理特征、测量环境、精度要求等因素选择合适的测量设备及数据后处理技术是解决动态目标三维测量问题的关键。常见的动态目标测量技术可以分为基于多目视觉的动态三维测量,基于结构光的动态三维测量和基于激光测距的动态三维测量。

1.1　基于多目视觉的动态三维测量

基于多目视觉的动态三维测量属于被动式三维测量方法。它通过匹配同一时刻不同视角采集的多幅图像获得测量目标的三维数据。不像单目视觉三维成像需要测量的先验知识[2],该类方法对测量目标的物理特征和运动特征限制较少,被广泛地用于自动驾驶、工业制造、移动机器人及空间在轨服务等领域。

基于双目视觉的测量方式是该类三维测量最常见的方式。它通过两个相机从不同角度对同一目标进行拍摄,获取目标在不同视角下的图像;根据图像中目标像素的位置差异,计算目标在三维空间中的信息[3]。具体地,在自动驾驶领域,通过搭建的双目视觉成像系统可以模拟人类的双眼[4],运用目标跟踪技术对前方车辆、行人在连续帧内的位置变动进行监测,依据既定帧率(每秒图像采集频次)、视差原理、深度信息,计算活动目标相对于车辆的速度矢量[5],从而及时调整车速和行驶方向,避免发生碰撞[6]。

在工业生产的数控铣削方面,双目视觉测量技术通过主轴编码标志点坐标系和刀具坐标系之间的映射关系,以及相邻两帧图像之间的差异来获取刀具的运动速度、方向及与工件的相对位置关系,精准监测刀具切削路径、速度,将偏差或速度异常及时反馈给控制系统,保障加工质量[7]。

在航天领域,基于双目视觉的测量系统在交会对接、近距离探测等任务中发挥着越来越重要的作用。它利用连续帧中特征点的运动规律与目标姿态运动的相关性,通过容积卡尔曼滤波算法实现了对空间非合作目标角速率与自旋轴方向的估计[8]。同时,颜坤[9]在该类测量系统下利用解耦畸变系数、内参数的相机标定法,通过对非合作目标进行立体匹配和 PCA 后处理得到空间目标的三维姿态。

类似于双目视觉测量的方式,研究者也通过多台(大于两台)相机在不同视角的协同观测,采用立体匹配与几何重建方法,实现了对目标三维空间信息的高精度重构。多目视觉测量在视场覆盖、数据冗余及测量精度方面有显著优势,能有效应对复杂环境下多个目标的测量需求[10]。具体地,在生物行为研究领域,多目视觉测量能够实时监测动物在复杂环境中的动态行为,如捕食、迁徙和社群互动等。立体架构动物运动轨迹的三维模型,助力行为模式、生态特性的深入分析[11]。在人体运动捕获方面,通过同步采集人体运动的多视角数据,结合三维重建技术,精准还原了人体骨骼及关节运动轨迹[12]。同时,多目视觉测量系统在无人机群体协同作业中表现出色,能实时感知周围环境中的动态障碍物,优化飞行路径并实现智能自主规避[13]。多目视觉测量不仅能够补偿视角遮挡的数据缺失,也能够降低运动模糊对测量精度的影响,确保三维数据的完整性和精确性,为虚拟现实、运动科学研究、医学康复评估提供了技术支持。

基于多目视觉的三维测量技术测量成本相对较低,对测量目标的适用范围广,但测量精度不仅受到相机分辨率、基线长度、光照条件等因素的影响,也受限于相机的标定精度、算法的匹配精度等方面。对于测量目标三维重构精度要求高、运动估计精度要求准的实时测量情况,该类方法有待进一步升级测量硬件设备,减少测量精度和测量范围的冲突,同时改进特征点的提取及配准方式,采用高效的优化求解算法完成大型非合作动态目标的三维精密测量。

1.2 基于结构光的动态三维测量

基于结构光的动态三维测量属于主动式非接触三维测量方式。它通过投影设备向待测目标表面投射编码结构光图案,采用摄像机获取物体表面反射或散射的畸变结构光编码图案,经过对畸变图案进行解码,根据三角测距原理将光场信号转换为深度信息,从而获得测量目标的三维数据[14]。该类测量技术利用标定好的投影设备与摄像机的内外参数,很好地解决了多目视觉测量系统对应点匹配难题,能够快速解算出测量目标的深度信息,且兼具测量精度高、测量成本低、非接触测量等优点,被应用于工业生产、轨道交通、航天在轨服务等方面。

在工业生产领域,基于结构光的动态三维测量技术能够代替人工实时监测生产线中移动的零部件,及时发现尺寸偏差、表面瑕疵等问题,提高生产效率[15]。以汽车制造为例[16],基于结构光的动态三维测量技术能够对车身部件、发动机零件等复杂形状的零部件实现生产线的自动检测。

在轨道交通领域,轮对不可避免地遭受摩擦、撞击及环境温度影响,对其进行不停车在线动态检测不仅能够提高轮对的使用寿命、减少维修开支,更重要的是能够保障铁路运行及旅客的安全。为解决传统人工的检测精度不高、效率低等问题,基于结构光的动态三维测量技术能够对裂纹、磨损等情况实现实时精准反馈,极大地降低了运营成本,保障了铁路运行安全[17]。

在航天领域,对故障航天器的在轨服务通常由空间机器人完成。对这些空间非合作目标进行精确的位姿测量是燃料加注、维修、离轨等在轨服务的基础。除了多目视觉三维测量方式,基于结构光的动态三维测量也在该领域发挥了作用。文献[18]和文献[19]分别采用单线或复线结构的结构光技术,针对航天器的环特征,实现了近距离空间非合作目标的三维位姿测量。

基于结构光的动态三维测量技术能够在短时间内获取大量三维数据，满足动态目标实时高精度测量需求。然而，该类测量方式对目标表面的反射特性有一定要求，且和多目视觉测量一样对光照条件敏感。由于光源强度会在环境光中衰减，该方法并不适用于远距离目标的精准测量。如果是户外的动态目标，其三维测量精度更是难以保证。

1.3　基于激光测距的动态三维测量

激光测距是最直接易实现的主动式动态三维测量方式。不同于基于多目视觉和结构光的动态三维测量技术，该类测量方式具有强光源信号，可收束、可调制，受环境光影响较小、成像速度快、抗有源干扰能力强等优点，是远距离大型动态目标精密三维测量的理想测量方式[20]，被广泛用于地形测绘、航空航天、自动驾驶等领域。按照成像基元素可分为单点成像、线阵成像和面阵成像 3 种方式。

线阵扫描成像，顾名思义，是一种以线阵作为成像基元素的成像方式，每个时刻只能获取测量目标的一组线信息，通过组合这些线信息获取测量目标的整体三维数据[24]，具有比单点成像更快的成像速度。目前，该类成熟的扫描成像技术已经被用于自动驾驶、航空航天等领域。在自动驾驶领域，Velodyne 公司分别研发了以 16 线、32 线和 64 线的 360°水平周扫的成像方式实时探测周边环境，确保行驶安全。除了仅使用激光雷达测距，结合相机的多传感器融合探测技术也越加受到关注。该技术可以充分发挥视觉传感器的图像语义分析和激光传感器的精准测距的互补优势，减少无效测量，提高系统响应速度。如 AEye 公司研发的将 MEMS 微镜扫描和相机结合的方法，实现了行人、动物、车辆等动态目标物实时提取，满足了自动驾驶的应用需求[25]。在航空航天领域，为满足快速成像、轻载荷需求，线阵式激光成像成为远距离大型目标探测的理想工具。如早在 1995 年，Fibertek 公司[26]研发的以双楔形硅棱镜为主要组成部分的激光雷达系统(helicopter laser radar，HLR)，就已经能够检测到长为 440m、外直径为 1cm 的电线，满足直升机的驾驶安全需求。同时，线阵激光雷达在非合作航天器的对接、检测及跟踪任务中也发挥了重要作用。其兼具成像速度快、测量精度高等优点。该类测量方法能够实时获取非合作空间目标的三维位姿并解算其运动参数[27]。同时，结合光学和激光探测技术的设备也被用于空间目标跟踪观测任务[28]。

相较于单点成像和线阵成像,面阵成像是最快的获取测量目标表面三维信息的方式[29]。它不需要扫描装置,仅发射一次激光脉冲就可以获得探测目标表面的三维数据,被广泛应用在军事、国民经济建设、农林生态等领域[30]。2003 年,麻省理工学院(Massachusetts Institute of Technology, MIT)为探测隐藏的车辆、坦克等军事目标,研发了 32×32 GM-APD 探测器,在 150m 的飞行高度下获取了横向 5cm、纵深 40cm 分辨率的三维图像,实现了识别伪装目标的军事任务[31-32]。为了获取更高分辨率的三维图像,成像阵列规模日益增大,从 4×4、8×8、32×32 到 256×256[33]。另外,基于电荷耦合器件(charge coupled device,CCD)相机的激光三维成像技术也是一种主流方法,采用时间步进法由近及远叠加重构不同距离上的图像,获得测量目标的重构三维图像[34]。同时,该项技术也经历了强度相关激光和增强电荷耦合器件(intensified charge coupled device,ICCD)相机[35]、线性增益调制和 ICCD 相机[36]、指数增益调制和 ICCD 相机[37]、偏振调制和电子倍增电荷耦合器件(electron-multiplying charge coupled device,EMCCD)相机[38]的发展历程,现在已经能够满足高速运动目标的三维测量需求。值得说明的是,面阵式激光测量方法总会随着阵列规模的增加减少每个像元上的回波功率,降低测距精度,因此在相同发射总功率和接收口径条件下,成像分辨率和测距精度需要平衡,目前并不适用于远距离大型目标的精密测量。

第 2 章 线阵激光雷达下空间失稳
目标的成像建模

为模拟不同平面分辨率线阵激光成像雷达对空间失稳目标的数据采集,本章将根据线阵激光成像雷达的成像机制及空间失稳目标的运动规律介绍一般性的空间失稳目标线阵激光成像建模方法。该成像建模技术能够为不同地面验证方案提供数据支持。同时,为优化雷达参数选取,本章还将介绍一种基于数据采集完整性评估的线阵激光成像雷达参数优化方法,并分析与成像分辨率相关的性能参数对多种运动形式空间失稳目标数据采集的完整性,以便将测量成本与测量精度最优化。

2.1 线阵激光雷达的成像机制

激光雷达是一种直接、快速、精确获取目标三维空间信息的主动式探测设备,在三维高精度成像测量方面有显著的技术优势[39]。其成像本质上是通过测量信号往返于雷达和目标之间的飞行时间来获得距离信息,主要有单点扫描成像和面阵器件成像两种成像方式。相较于快速的面阵器件成像,单点激光测距与扫描装置结合具有测距分辨率高、测量视场角大等优点。进一步,为了提高成像速度,在单点扫描的基础上,还发展了线阵与扫描装置结合的方式[40]。

激光雷达扫描成像中较为常用的方式是机械式扫描,包括转镜扫描[41]、摆镜扫描[42]、万向节扫描[43]、双光楔扫描[26]等。其中,微机电系统(micro-electro-mechanical system,MEMS)[44]应用广泛,它兼具低成本和远距离 3D 环境感知的特点,是一种很有前途的激光测距技术。同时,以线阵为成像基元的线阵激光雷达成像兼具激光成像的测量精度高、受光照影响小、抗有源干扰能力强和线阵式测量具有的成像速度快、成像分辨率高、测量视场角大等优点,是空间目标三维位姿测量拟定的使用工具,适用于远距离大型空间目标的精密测量。

线阵激光成像雷达的硬件部分主要由激光发射单元、驱动控制单元、激光探测单元、信息处理单元和电源 5 个部分组成。激光发射单元的激光器在激光驱动电路的控制下产生高重频激光脉冲,通过激光器整形单元准直、均衡和扩束,将其展开成线列激光光束并通过镜头投射到远处 $1 \times N$ 个被测点上,在驱动控制单元的控制下对目标区域进行测量。激光探测单元采用线阵探测器接收,通过信息处理单元,每次可获得一行(列)像素的距离和回波强度数据,直至完成所有数据的采集,工作原理如图 2.1 所示。

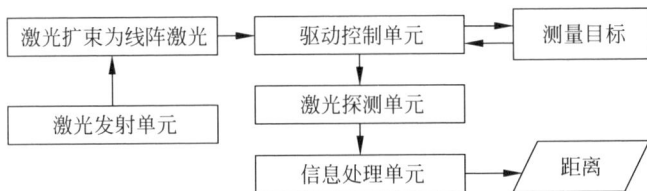

图 2.1　线阵激光成像雷达工作原理图

2.2　空间失稳目标的运动规律

空间失稳目标通常以自旋、进动和章动的复合运动状态存在。由于激光雷达采集数据时间较短,章动可忽略不计,仅考虑空间失稳目标的自旋和进动这两种运动形式,且自旋角速率 ω_s 和进动角速率 ω_p 都是匀速变化的,如图 2.2 所示。

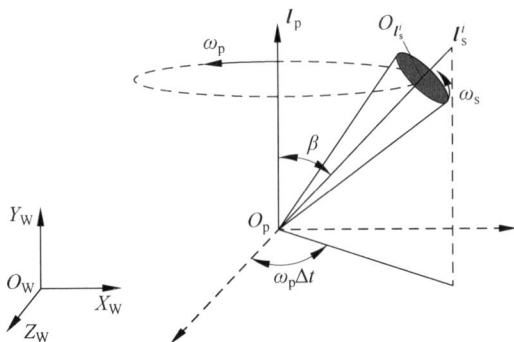

图 2.2　空间失稳目标运动示意图

一般地,测量运动目标上一点 $P(x,y,z)$ 经过 Δt 时刻后,该点的三维坐标 $P'(x',y',z')$ 可表示为

$$P' = RP + T \tag{2.1}$$

式中，$\boldsymbol{R}$ 为三阶实系数旋转矩阵，$\boldsymbol{T}$ 为三维平移向量，$\boldsymbol{R}$ 和 $\boldsymbol{T}$ 由测量目标的运动情况决定。根据空间失稳目标的运动规律，其运动模型可具体地表示为

$$\boldsymbol{P}' = \boldsymbol{A}_s^i \boldsymbol{B}_{\omega_s} \boldsymbol{A}_s^{i\mathrm{T}} (\boldsymbol{P} - \boldsymbol{O}_s^i) + \boldsymbol{O}_s^i \tag{2.2}$$

这里，

$$\boldsymbol{A}_s^i = \boldsymbol{A}(\boldsymbol{l}_s^i) = \begin{bmatrix} \dfrac{-n_s^i}{\sqrt{m_s^{i2} + n_s^{i2}}} & \dfrac{-m_s^i p_s^i}{\sqrt{m_s^{i2} + n_s^{i2}}\sqrt{m_s^{i2} + n_s^{i2} + p_s^{i2}}} & \dfrac{m_s^i}{\sqrt{m_s^{i2} + n_s^{i2} + p_s^{i2}}} \\[3mm] \dfrac{m_s^i}{\sqrt{m_s^{i2} + n_s^{i2}}} & \dfrac{-n_s^i p_s^i}{\sqrt{m_s^{i2} + n_s^{i2}}\sqrt{m_s^{i2} + n_s^{i2} + p_s^{i2}}} & \dfrac{n_s^i}{\sqrt{m_s^{i2} + n_s^{i2} + p_s^{i2}}} \\[3mm] 0 & \dfrac{m_s^{i2} + n_s^{i2}}{\sqrt{m_s^{i2} + n_s^{i2}}\sqrt{m_s^{i2} + n_s^{i2} + p_s^{i2}}} & \dfrac{p_s^i}{\sqrt{m_s^{i2} + n_s^{i2} + p_s^{i2}}} \end{bmatrix}$$

$$\boldsymbol{B}_{\omega_s} = \boldsymbol{B}(\omega_s) = \begin{bmatrix} \cos\omega_s \Delta t & -\sin\omega_s \Delta t & 0 \\ \sin\omega_s \Delta t & \cos\omega_s \Delta t & 0 \\ 0 & 0 & 1 \end{bmatrix}$$

是关于自旋轴 $\boldsymbol{l}_s^i = (m_s^i, n_s^i, p_s^i)$ 和自旋角速率 ω_s 的表达式；空间位置 $\boldsymbol{O}_s^i$ 为自旋轴 $\boldsymbol{l}_s^i$ 的空间位置。由图 2.2 可知，空间失稳目标在做自旋运动的同时，其自旋轴也做锥面运动，即其自旋轴 $\boldsymbol{l}_s^i$ 绕过点 $\boldsymbol{O}_p$，方向为 $\boldsymbol{l}_p$ 的进动轴以角速率 ω_p 做旋转运动。自旋轴方向 $\boldsymbol{l}_s^i$ 和空间位置 $\boldsymbol{O}_s^i$ 在等时间间隔 Δt 下，不断地更新为

$$\begin{cases} \boldsymbol{O}_s^i = \boldsymbol{A}_p \boldsymbol{B}_{\omega_p} \boldsymbol{A}_p^{\mathrm{T}} (\boldsymbol{O}_s^i - \boldsymbol{O}_p) + \boldsymbol{O}_p \\ \boldsymbol{l}_s^{i+1} = \boldsymbol{A}_p \boldsymbol{B}_{\omega_p} \boldsymbol{A}_p^{\mathrm{T}} (\boldsymbol{l}_s^i + \boldsymbol{O}_s^i - \boldsymbol{O}_p) + \boldsymbol{O}_p + \boldsymbol{O}_s^{i+1} \end{cases} \tag{2.3}$$

式中，$\boldsymbol{A}_p = \boldsymbol{A}(\boldsymbol{l}_p)$ 和 $\boldsymbol{B}_{\omega_p}$ 也相应是进动轴 $\boldsymbol{l}_p = (m_p, n_p, p_p)$ 和进动角速率 ω_p 的表达式，可具体地写为

$$\boldsymbol{A}_p = \boldsymbol{A}(\boldsymbol{l}_p) = \begin{bmatrix} \dfrac{-n_p}{\sqrt{m_p^2 + n_p^2}} & \dfrac{-m_p p_p}{\sqrt{m_p^2 + n_p^2}\sqrt{m_p^2 + n_p^2 + p_p^2}} & \dfrac{m_p}{\sqrt{m_p^2 + n_p^2 + p_p^2}} \\[3mm] \dfrac{m_p}{\sqrt{m_p^2 + n_p^2}} & \dfrac{-n_p p_p}{\sqrt{m_p^2 + n_p^2}\sqrt{m_p^2 + n_p^2 + p_p^2}} & \dfrac{n_p}{\sqrt{m_p^2 + n_p^2 + p_p^2}} \\[3mm] 0 & \dfrac{m_p^2 + n_p^2}{\sqrt{m_p^2 + n_p^2}\sqrt{m_p^2 + n_p^2 + p_p^2}} & \dfrac{p_p}{\sqrt{m_p^2 + n_p^2 + p_p^2}} \end{bmatrix}$$

$$\tag{2.4}$$

$$\boldsymbol{B}_{\omega_p} = \boldsymbol{B}(\omega_p) = \begin{bmatrix} \cos\omega_p\Delta t & -\sin\omega_p\Delta t & 0 \\ \sin\omega_p\Delta t & \cos\omega_p\Delta t & 0 \\ 0 & 0 & 1 \end{bmatrix} \tag{2.5}$$

空间位置 $\boldsymbol{O}_p$ 为进动轴 $\boldsymbol{l}_p$ 的空间位置。

　　自旋轴会绕着进动轴做锥面运动,这里仅估算初始自旋轴方向 $\boldsymbol{l}_s^0$ 即可,其他自旋轴方向 $\boldsymbol{l}_s^i$ 可以由式(2.3)解算出来。因此,需要解算的运动参数包括初始自旋轴方向 $\boldsymbol{l}_s^0 = (m_s^0, n_s^0, p_s^0)$、自旋角速率 ω_s、进动轴方向 $\boldsymbol{l}_p = (m_p, n_p, p_p)$、进动角速率 ω_p 和进动轴空间位置 $\boldsymbol{O}_p$。值得说明的是,在无穷远处,所有自旋轴可以交为一点,令该点为需要解算的空间位置 $\boldsymbol{O}_p$,因此并不需要每个自旋轴都确定各自的空间位置 $\boldsymbol{O}_s^i$。

2.3　空间失稳目标的成像建模

　　根据上述线阵激光成像雷达的成像机制及空间失稳目标运动数学模型,本节提出了一般性的空间失稳目标线阵激光成像建模方法。针对不同运动形式,该方法首先根据运动数学模型获取世界目标系下运动点云数据,再通过建立的世界坐标系与雷达坐标系转换关系、可视点云判别方法及成像分辨率的确定对空间失稳目标进行成像建模[45],具体建模流程如图2.3所示。

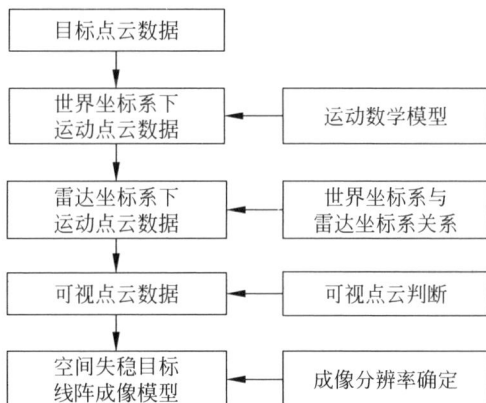

图 2.3　线阵激光成像建模流程图

2.3.1　世界坐标系下运动点云数据获取

　　空间失稳目标受地球磁力场影响产生绕轴 $\boldsymbol{l}_s^i$ 的自旋运动,当自旋轴与总角动量向量不重合时将产生进动。在世界坐标系下,自旋可理解为空间目标绕过不断变化的空间位置 O_s^i 及 l_s^i 的自旋轴以角速率 ω_s 做自旋运动,同时,自旋轴 l_s^i 按照绕过点 O_p 和 l_p 的进动轴以角速率 ω_p 做旋转运动。空间失稳目标的运动可理解为自旋和进动的复合运动,其运动点云数据可由式(2.1)~式(2.3)获得,详见 2.2 节。

2.3.2   雷达坐标系下运动点云数据获取

线阵激光成像雷达的数据采集任务是在雷达坐标系下完成的,通常设定雷达坐标系平行于世界坐标系。雷达坐标系与世界坐标系相差一个平移量,当世界坐标系和雷达坐标系重合时,该平移量为 0。不失一般性,令数据采集方向为雷达坐标系 Y 轴正方向,YOZ 面前侧为可视部分,每组像元平行于 Z 轴,线阵激光雷达扫描成像示意图如图 2.4 所示。

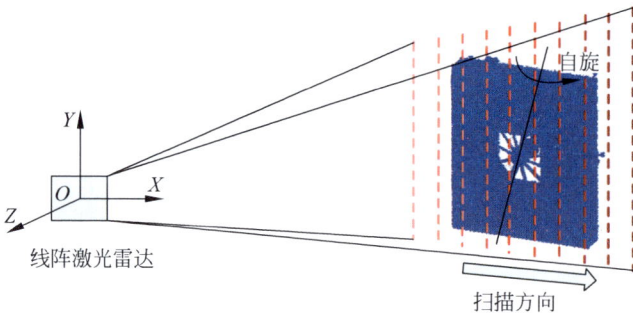

图 2.4   线阵激光雷达扫描成像示意图

线阵激光雷达扫描镜扫描运动与空间失稳目标由于相对运动引起测量误差(红点),如图 2.5 所示,某发动机喷管表面雷达扫描线不平行,因此雷达线阵数据仍按照平行排布时,得到目标畸变形貌数据。

2.3.3   可视点云数据获取

由于雷达坐标系下坐标面 YOZ 的前侧为可视面,为获取可视点云区域,本节提出了一种基于准线的可视点云判别方法。该方法以 X 轴负方向为视线方向,逐列构造准线,根据运动点云与准线的位置关系确定可视点云,具体步骤如下。

(1)查找当前列运动点云 Z 轴方向的最大值点和最小值点,建立准线并计算其斜率 k;

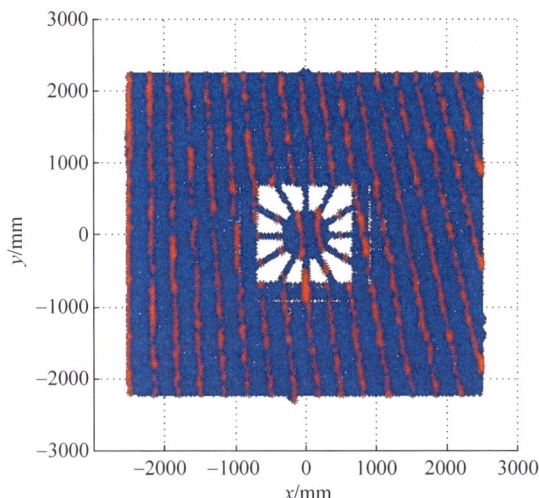

图 2.5　空间失稳目标雷达扫描线示意图

（2）根据斜率 k 判断该列点云可视部分，当 $k>0$ 时，满足 $y \leqslant kx+c$ 为可视部分；当 $k<0$ 时，满足 $y \geqslant kx+c$ 为可视部分，如图 2.6 所示。

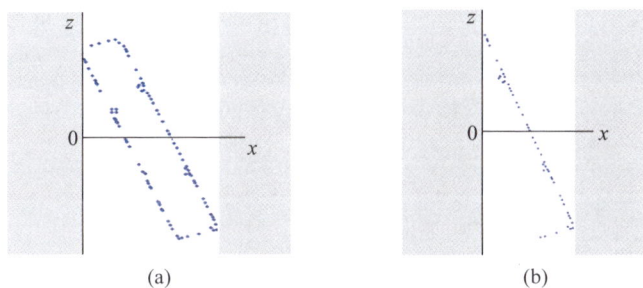

图 2.6　可视点云判别方法演示图

（a）单列点云；（b）可视点云

2.3.4　空间失稳目标线阵成像建模

1. 成像分辨率确定

由于不同性能参数的线阵激光成像雷达对同一空间目标的成像分辨率是不同的，而与雷达获取的成像分辨率相关的参数主要包括采样频率和线阵规模。设线激光成像雷达的采样频率为 f_s，线阵规模为 C_n，则在采样周期 T 内，获取的深度图像的成像分辨率为 $m \times C_n$，其中，$m=T \times f_s$。

2. 成像建模算法

设线阵激光成像雷达对整个空间目标的采样周期为 T，采样频率为 f_s，线阵规模为 C_n，则一般性的线阵激光成像建模方法可以表示如下。

（1）在采样间隔 Δt 下，计算自旋角改变量 $\Delta\varphi(\Delta\varphi=\omega_s\Delta t)$ 和进动角改变量 $\Delta\phi(\Delta\phi=\omega_p\Delta t)$，并根据运动数学模型计算世界坐标系下的运动点云数据；

（2）根据建立的世界坐标系和雷达坐标系关系，转换世界坐标系下的运动点云到雷达坐标系下；

（3）截取单元运动点云进行可视判别，获取可视点的云部分；

（4）根据线阵规模 C_n 获取该分辨率下单元可视运动点的云数据；

（5）重复（1）～（4），完成整个采样周期 T 的线阵激光成像建模。

2.4　参数优化方法

特征是识别与监测空间目标的主要着眼点，特征数据采集的完整性对测量整个空间目标至关重要，因此本节提出一种基于特征采集完整性评估的参数优化方法用于评估与成像分辨率相关的雷达参数。该方法通过计算单位特征获取率客观地评估多种运动形式空间失稳目标在不同雷达参数下的数据采集完整性。

2.4.1　点云特征提取

不同应用背景下对特征有不同的定义，不失一般性，这里介绍一个基于局部邻域协方差分析的点云特征提取方法[46]用于空间目标点云特征的提取。对每个点 $P_i, i=1,2,\cdots,C_n$，找到大小为 S 的近邻点区域 $N_i=\{P_{ij},$ $j=1,2,\cdots,S\}$，则点 P_i 的权重 w_i 可以定义为

$$w_i=\frac{\lambda_0}{\lambda_0+\lambda_1+\lambda_2} \tag{2.6}$$

这里，$\lambda_0\leqslant\lambda_1\leqslant\lambda_2$ 为该点邻域协方差矩阵[47]的特征值。权重 w_i 能够度量该点靠近尖锐特征的程度，如果 $w_i>w_t$，则该点为特征点，这里阈值 w_t 由其自身的平滑分布决定。具体地，设 $\{w_i\}_{i=1}^{C_n}$ 的分布为 f_w，极小化能量函数

$$\min_{\bar{f}_w}\|\bar{f}_w-f_w\|_F+\|\boldsymbol{D}f_w\|_1 \tag{2.7}$$

以求其平滑分布 $\bar{f}_w$。这里 $\boldsymbol{D}$ 为二阶微分矩阵，$\|\cdot\|_F$ 和 $\|\cdot\|_1$ 分别为向量的 F 范数和 1 范数，则阈值 w_t 设定为第一个峰值后的平缓点。空间失稳目标采用该点的云特征提取方法，特征点（红点）如图 2.7 所示。

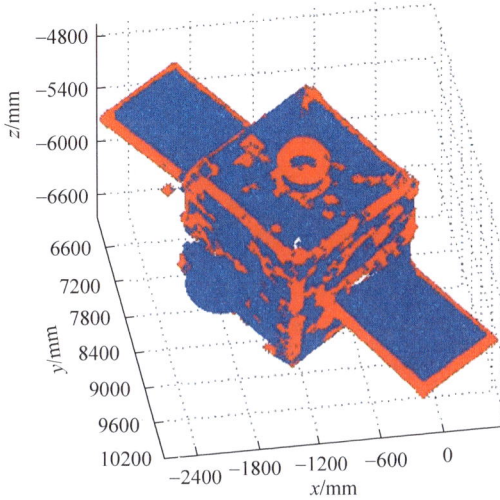

图 2.7　某卫星模型 A 的特征点

2.4.2　特征采集完整性评估

对于相同空间目标，采样频率 f_s 越大，线阵规模 C_n 越大，单位时间内线阵激光成像雷达能够获取的点的云数据越多，原则上也包含更多的特征点。同时，对于相同性能参数的线阵激光成像雷达，空间失稳目标的自旋角速率 ω_s 越大、进动角速率 ω_p 越大，数据采集的范围越大，通常也包含更多的特征点。为了能够公平地评估数据采集的完整性，这里提出一个新的统计量（单位区域特征获取率）R_F：

$$R_F = \frac{\dfrac{\mathrm{d}F_c}{\mathrm{d}S}}{\dfrac{\mathrm{d}F_g}{\mathrm{d}S}} \qquad (2.8)$$

这里，$\dfrac{\mathrm{d}F_c}{\mathrm{d}S}$ 为单位区域 $\mathrm{d}S$ 上采集到的特征量 $\mathrm{d}F_c$；$\dfrac{\mathrm{d}F_g}{\mathrm{d}S}$ 为单位区域 $\mathrm{d}S$ 上真实的特征量 $\mathrm{d}F_g$。针对获取的线阵图像，通过该统计量的平均值就能够合理评估与成像分辨率相关的参数对多种运动形式空间失稳目标数据采集的完整性。

2.5　建模实现与参数分析

2.5.1　空间失稳目标成像建模

本节提出的一般线阵激光成像建模方法适用于任意空间目标的自旋运动、失稳状态下自旋和进动复合运动的成像建模。本节实验采用的空间目标为某卫星模型 A 和某发动机喷管 B 的 Creo 模型（由上海宇航系统工程研究所提供），并通过加入噪声模拟激光成像雷达进行数据采集的实际情况，如图 2.8 所示。

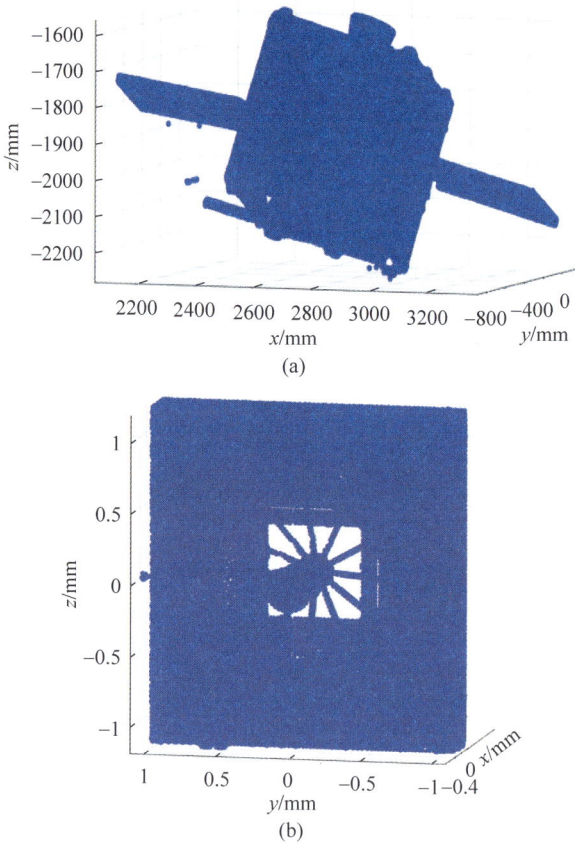

图 2.8　空间目标点云数据

（a）某卫星模型 A 的点云数据；（b）某发动机喷管 B 的点云数据

1. 自旋成像建模

首先,给出自旋运动空间目标的成像建模结果。图 2.9 显示了在采样频率为 1kHz、线阵规模为 550 元的条件下,初始自旋轴 $l_s^0 = (1,1,1)$、自旋角速率 $\omega_s = 60°/s$ 的某卫星模型 A 和某发动机喷气管 B 的自旋成像建模结

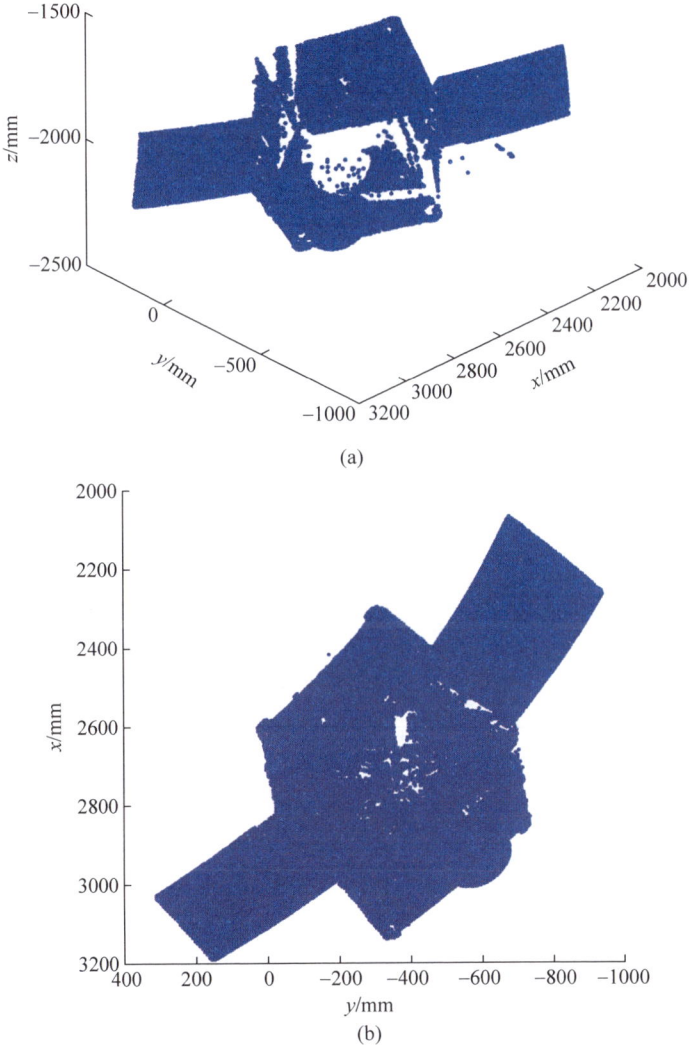

(a)

(b)

图 2.9　自旋成像建模

(a)和(b)分别是某卫星模型 A 成像建模的正视图和俯视图;(c)和(d)分别是某发动机喷管 B 成像建模的正视图和俯视图

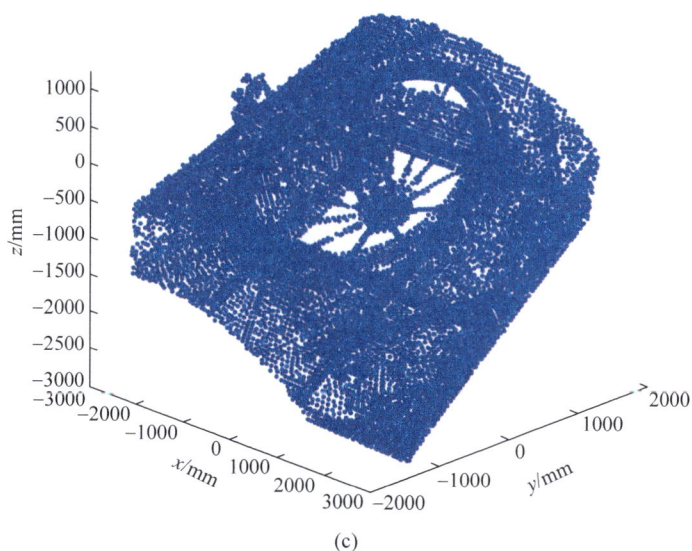

(c)

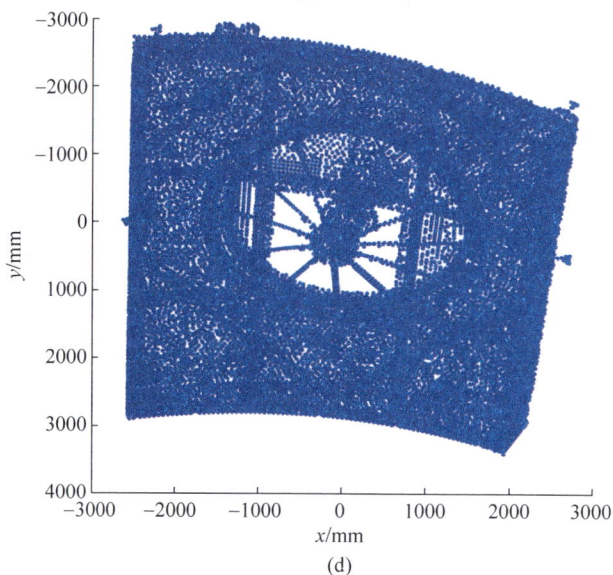

(d)

图 2.9 （续）

果。这里，图 2.9(a)和(b)分别是某卫星模型 A 成像建模的正视图和俯视图，图 2.9(c)和(d)分别是某发动机喷管 B 成像建模的正视图和俯视图。建模结果显示，空间目标的自旋使得线阵激光成像雷达采集的数据不能真实反映空间目标原貌，某卫星模型 A 的太阳能板位置及某发动机喷气管 B 的边界具有明显的畸变。

2. 自旋和进动复合运动的成像建模

空间失稳目标除了自旋运动,总是做自旋和进动的复合运动。依据式(2.1)~式(2.3)及成像建模流程,图 2.10 给出了在采样频率为 1kHz、线阵规模为 550 元的参数下,初始自旋轴 $l_s^0 = (1,1,\sqrt{2})$、自旋角速率 $\omega_s = 60°/s$、进动角速率 $\omega_p = 4°/s$ 的某卫星模型 A 和某发动机喷气管 B 的自旋和进动复合运动的成像建模结果。这里,图 2.10(a)和(b)分别是某卫星模

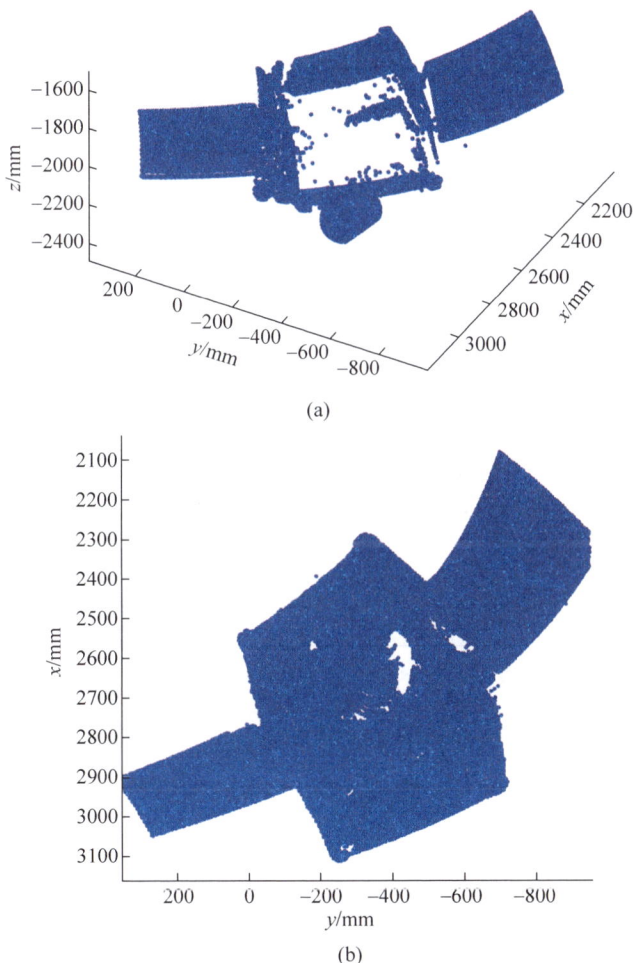

(a)

(b)

图 2.10　自旋和进动复合运动的成像建模

(a)和(b)分别是某卫星模型 A 建模结果的正视图和俯视图;(c)和(d)
分别是某发动机喷管 B 建模结果的正视图和俯视图

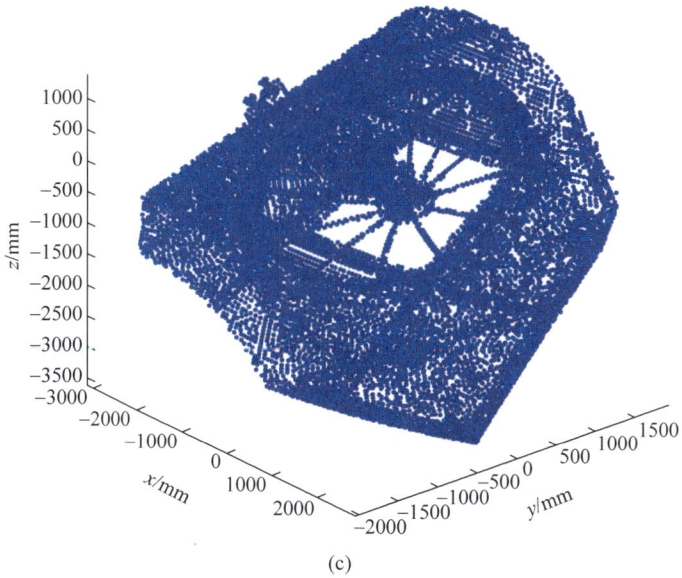

(c)

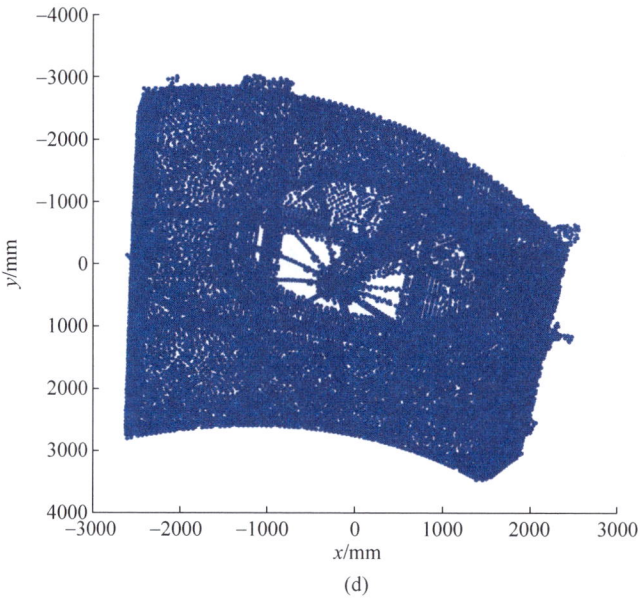

(d)

图 2.10　（续）

型 A 建模结果的正视图和俯视图,图 2.10(c)和(d)分别为某发动机喷管 B
建模结果的正视图和俯视图。由建模结果可以看出,自旋和进动复合运动的空间目标数据采集结果畸变更为明显,并且有更多的数据缺失。

2.5.2　参数分析

本节通过计算深度图像的平均单位区域特征获取率实验,评估了与成像分辨率相关的参数对多种运动形式空间失稳目标的数据采集完整性,包括在多组相同线阵激光成像雷达参数下对不同运动形式空间失稳目标数据采集完整性评估的参数分析和针对同一空间失稳目标采用不同雷达参数数据采集完整性评估的参数分析两个部分。

1. 不同运动形式空间失稳目标数据采集完整性评估

此处将给出在多组相同线阵激光雷达参数下对不同运动形式空间失稳目标(某卫星模型 A)的数据采集完整性评估的实验结果。首先,在固定采样频率(700Hz)、不同线阵规模(100～550 元)及固定线阵规模(350 元)不同采样频率(200～1100Hz)下对角速率 ω_s 为 $20°/s$、$40°/s$、$60°/s$ 的自旋空间目标进行了数据采集完整性评估,如图 2.11 所示。实验结果显示,数据采集完整性与线阵规模和采样频率正相关,与自旋角速率几乎无关。

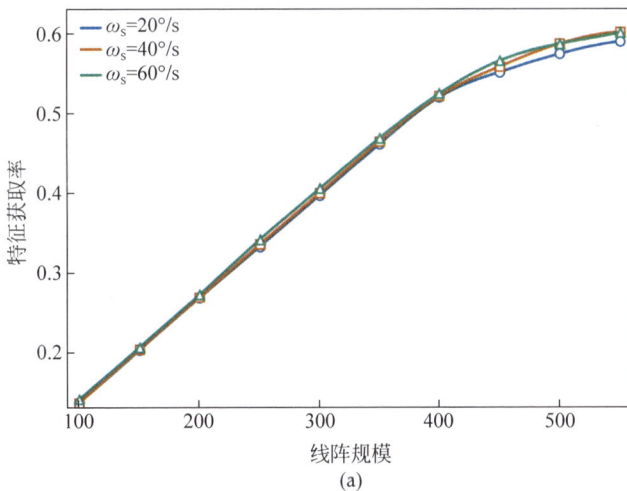

图 2.11　自旋空间目标的数据采集完整性评估

(a) 固定采样频率,不同线阵规模下的完整性评估;(b) 固定线阵规模,不同采样频率下的完整性评估

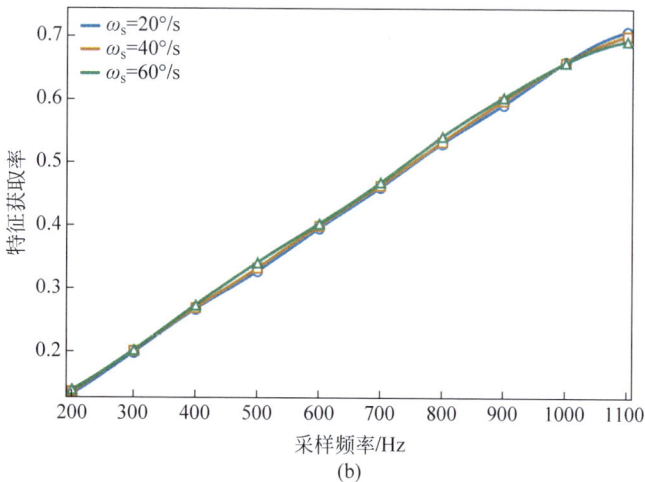

图 2.11   （续）

同时,在相同的实验条件下,对自旋角速率为 $40°/s$、进动角速率分别为 $1°/s$、$2°/s$、$3°/s$、$4°/s$ 的自旋和进动复合运动的空间失稳目标进行数据采集完整性评估,如图 2.12 所示。实验结果显示,单位区域特征获取率与线阵规模和采样频率正相关,与动态空间目标自身的运动形式几乎无关。

2. 不同雷达参数数据采集完整性评估

此处将给出不同于成像分辨率相关参数(线阵规模和采样频率)对同一空间失稳目标的数据采集完整性评估的实验结果。首先,给出针对同一自旋空间目标(自旋角速率为 $40°/s$ 的某卫星模型 A)的单位区域特征获取率与参数的对应关系,如图 2.13 所示。

在图 2.13 中,X 轴为线阵规模,Y 轴为采样频率,Z 轴为平均单位区域特征获取率。图 2.13 显示,特征获取率随着线阵规模的增多及采样频率的增加而增大,与线阵规模及采样频率正相关。同时,针对同一复合运动的空间失稳目标(自旋角速率为 $40°/s$、进动角速率为 $4°/s$ 的某卫星模型 A)也建立了单位区域特征获取率与线阵规模及采样频率的对应关系,如图 2.14 所示。实验得到的几乎相同的实验结论,进一步验证了当线阵规模达到 100 元以上、采样频率达到 200Hz 以上时,单位区域特征获取率与空间目标自身运动形式几乎无关的结论。

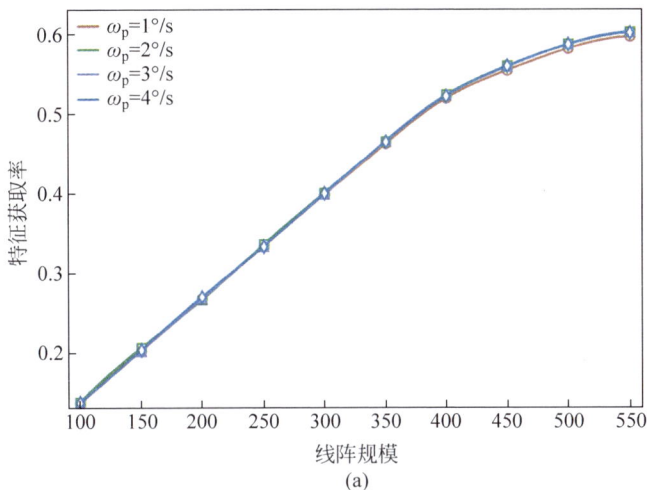

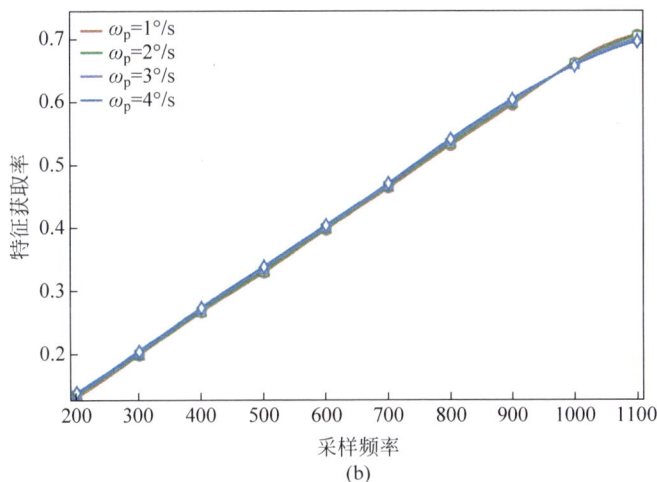

图 2.12　自旋和进动复合运动的空间失稳目标数据采集完整性评估

（a）固定采样频率，不同线阵规模下的完整性评估；（b）固定线阵规模，不同采样
频率下的完整性评估

综上，在实际应用中，可以根据建立的对应关系和目标特征获取率来选取雷达参数。如图 2.13 和图 2.14 所示，针对同一目标特征获取率，可选多种雷达参数来满足实际需求，参数选取的方式并不唯一。

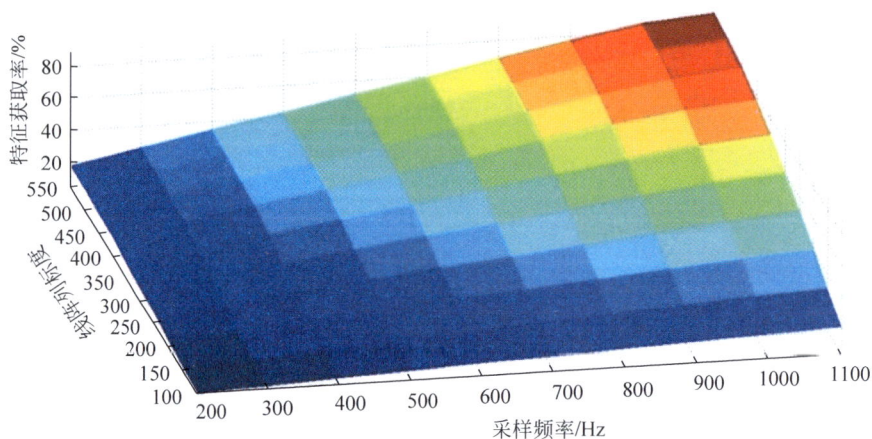

图 2.13   自旋空间目标的特征获取率与雷达参数的对应关系

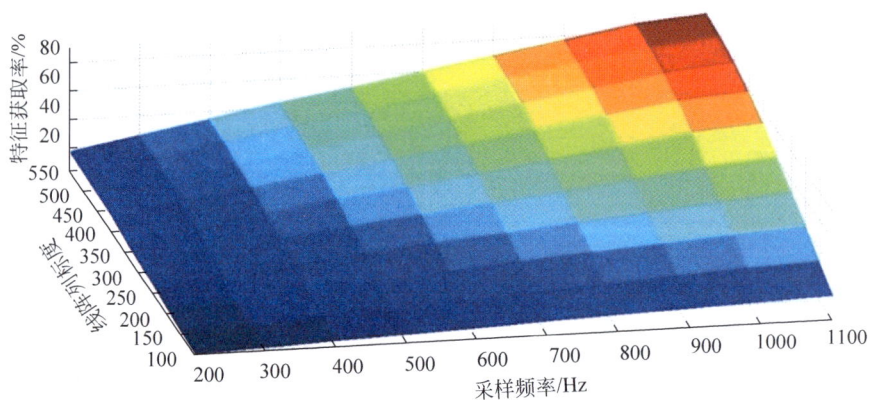

图 2.14   进动空间目标的特征获取率与雷达参数对应关系

2.6   小   结

本章根据空间失稳目标的运动规律及线阵激光成像雷达的成像机制提出了一般性的空间失稳目标线阵激光成像建模方法。该建模方法能够为不同参数线阵激光成像雷达对多种运动形式空间失稳目标的地面验证方案提供数据支持,加快空间失稳目标线阵成像相关技术的研究进程。同时,本章提出的基于单位特征获取率评估的线阵激光成像雷达参数优化方法客观地评价了与成像分辨率相关的参数对多种运动形式空间失稳目标的数据采集完整性。实验结果显示,数据采集完整性与线阵规模及采样频率正相关;当线阵规模达到 100 元以上、采样频率达到 200 Hz 以上时,单位特征获取率与目标自身运动几乎无关;针对同一单位特征获取率、参数选取不唯一的实验结论,建立的对应关系可为与成像分辨率相关的参数的优选提供指导和参考。

第3章 基于特征点轨迹的空间失稳目标运动估计

本章以空间失稳目标为例详细介绍线阵测量系统下基于特征点轨迹的动态目标运动估计与三维重建需要解决的技术问题。容易知道,线阵式测量方式在每个时刻只能获取测量目标的一组线信息。对于静态目标,直接组合不同时刻获取的多组线信息能够得到测量目标的真实三维形貌。但对于动态目标,由于测量目标的位姿一直处于变化状态,不同时刻获取的是当前时刻下测量目标单元位置的距离信息,直接组合这些线信息并不能真实反映测量目标的三维形貌,称这类深度图像为测量目标的畸变线阵图像。事实上,畸变线阵图像中的畸变信息蕴含了测量目标的运动信息,能够用于测量目标的运动估计,同时估算的运动参数也能够对畸变线阵图像进行矫正,进而得到测量目标的真实三维位姿。

运动估计的本质是对运动参数的解算。高效的运动模型不仅能够提升求解的速度,同时能够提升求解的精度。本章将详细介绍空间失稳目标运动模型的进化过程,从运动参数表述下建立的复杂非线性高次运动模型,到球面坐标表述下建立的自约束非线性运动模型,再到正交矩阵多项式表述下建立的传输模型,逐步把运动参数表述下的复杂高次运动模型转化为自约束的一般空间失稳目标时空运动模型,在减少待定参数的同时化运动估计问题为无约束下的高维非线性结构乃至多项式结构的求解问题。本章将从运动参数表述下空间失稳目标的运动估计、球面坐标表述下空间失稳目标的运动估计、传输模型表述下的空间失稳目标运动估计3个部分来介绍。

3.1 运动参数表述下空间失稳目标的运动估计

空间失稳目标的非合作性和运动状态的不确定性使得线阵式测量无法直接获取其真实三维形貌。本节通过连续多帧线阵图像同一角点的时空位置关系,提出了一种特征驱动的空间失稳目标运动估计方法。该方法根据线阵激光雷达的成像机理及空间失稳目标的运动规律建立了运动参数表述下的运动数学模型,根据运动具有的局部一致性和全局连续性分层次对空间失稳目标的局部自旋和全局进动进行运动估计。同时,利用估算的运动参数对采集的线阵图像逐列进行畸变矫正,从而获得了测量目标的真实三维形貌。实验结果展示了该方法在非合作单载荷下对不同运动状态空间目标线阵成像畸变矫正的有效性,并数值论证了帧数选取以自旋轴绕进动轴旋转一周为宜的条件稳定性,为该方法在其他运动目标线阵式测量的应用提供了指导和参考。

3.1.1　运动参数表述下的运动模型

2.2 节已经给出了空间失稳目标的运动规律,并建立了数学模型。读者可参考式(2.1)～式(2.5)及其文字叙述,此处不再重复。

3.1.2　运动参数表述下的运动估计

空间失稳目标具有局部一致和全局连续的运动特性。根据实际应用场景,空间失稳目标的自旋运动总是比进动运动变化显著。本节将空间失稳目标的运动估计分为空间目标的局部自旋运动和自旋轴的全局进动运动,将分层次对自旋和进动进行运动估计。

1. 局部自旋运动估计

由于测量目标的自旋运动较进动运动显著性高,在瞬时时刻中,仅考虑测量目标的自旋运动,即空间失稳目标绕过点 O_s^i,方向为 $l_s^i = (m_s^i, n_s^i, p_s^i)$ 的自旋轴以角速率为 ω_s 的自旋运动,局部自旋估计包括特征点位置估计、自旋轴方向及其空间位置估计、自旋角速率估计 3 个方面。

1) 特征点位置估计

太阳能帆板是空间飞行器常见的供能装置,其边缘可以提供显著的角点特征,这里选择该角点为目标特征点,见图 3.1。本节通过两次主成分分析对空间目标进行二次摆正,使太阳能帆板所在的空间平面平行于 XOZ 面,并通过不同子空间对应于 Y 轴方向投影区间的高度确定帆板位置,进而拟合帆板两条边界曲线,求其交点估算目标特征点(角点)位置。

具体地,基于太阳能帆板相对于空间飞行器主体具有对称性和边缘性的特性,对所有测量数据 $P_i (i = 1, 2, \cdots, m)$ 采用主成分分析确定太阳能帆板长边边界线的方向,使太阳能帆板长边边界线平行于 X 轴,进行一次摆正。进而,采用平行于 YOZ 的等距面分割测量数据,估算其中边缘子空间

S_i 的主方向 v_i,并通过一致性原则确定目标主方向 v_{goal}:

$$v_{\text{goal}} = \arg\min_{v_j} \sum_{i \neq j} \| v_i - v_j \| \qquad (3.1)$$

这里,$\| \cdot \|$ 表示向量的范数,这里采用的是 2-范数。对测量目标进行二次摆正,使太阳能帆板平行于 XOZ 面。

由于太阳能帆板具有"扁平"的特性,二次摆正后,容易通过 Y 轴方向投影区间的高度确定太阳能帆板位置。这里设每个子空间 S_i 上的 Y 轴方向的投影区间高度为 d_i:

$$d_i^{\text{goal}} = d_i < k\bar{d} \qquad (3.2)$$

这里,$\bar{d}$ 为投影区间长度的均值,k 为定值参量,d_i^{goal} 对应的这些子空间即太阳能帆板位置。由于投影区间高度差距明显,k 的取值范围在 $[0.2, 0.5]$ 即可。

太阳能帆板能够提供多个角点特征,只取单侧帆板的指定角点位置即可。不失一般性,取右侧帆板的外前角点。二次摆正后,太阳能帆板平行于 XOZ 面,设边界曲线方程为

$$ax^2 + bxz + cz^2 + dx + ez + f = 0 \qquad (3.3)$$

由于获取的边界[48]点 P_{b_i} 个数远远大于曲线方程中待定系数,容易通过最小二乘原则:

$$[a, b, c, d, e, f] = \arg\min \sum_{P_{b_i}} (ax_i^2 + bx_i z_i + cz_i^2 + dx_i + ez_i + f)^2$$

$$(3.4)$$

分别估算太阳能右侧帆板前侧边界曲线和右侧边界曲线中的所有待定系数,其交点即目标特征点 A^*,如图 3.1 所示。

2) 自旋轴方向及其空间位置估计

自旋轴估计分为自旋轴方向估计和空间位置估计两个部分。在仅考虑自旋运动的情况下,自旋轴方向可以由连续三帧线阵图像中同一角点的不同空间位置所确定的自旋平面的法向量决定,如图 3.2 所示。

利用上述角点位置估计方法,能够从连续三帧瞬时时刻线阵图像中分别获取右侧帆板外前角点的 3 个空间位置 A_1^*、A_2^* 和 A_3^*,它们在同一自旋平面上且到自旋轴距离相等。设旋转平面 Π_{spin}:

$$m_s x + n_s y + p_s z + q = 0 \qquad (3.5)$$

容易根据这 3 个空间位置估算该旋转平面,其法向量 $\boldsymbol{n} = (m_s, n_s, p_s)$ 即自旋轴方向 $\boldsymbol{l}_s^i$。

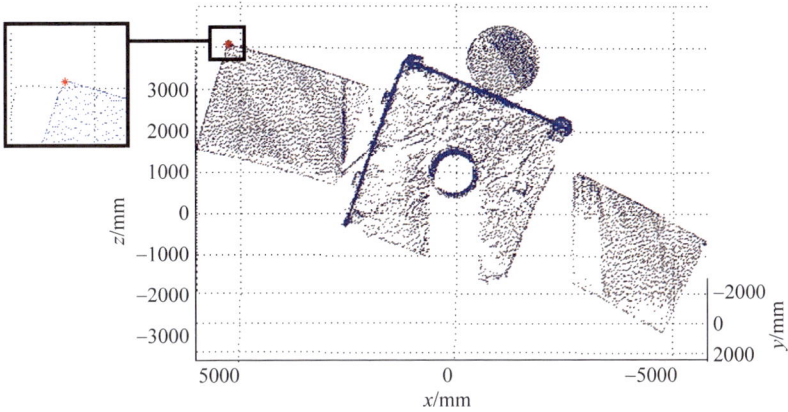

图 3.1　太阳能帆板的角点位置估计

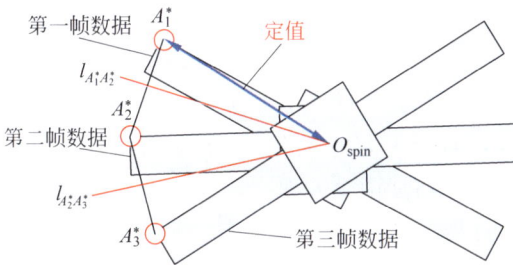

图 3.2　连续三帧线阵图像自旋运动分析

由于 A_1^*、A_2^* 和 A_3^* 到自旋轴的距离相等,即 $|O_s^i A_1^*|=|O_s^i A_2^*|=|O_s^i A_3^*|$,自旋轴的空间位置 O_s^i 可以基于该几何位置关系确定。为避免 A_1^*、A_2^* 和 A_3^* 的空间位置过于集中造成数值估算不准确,本节采用中垂线求交的方式确定自旋轴的空间位置。在旋转平面 Π_{spin} 上,两两组合这些角点 A_i^*($\overline{A_1^* A_2^*}$、$\overline{A_2^* A_3^*}$ 等),并建立 $\overline{A_i A_{i+1}}$ 的中垂线 $l_{A_i^* A_{i+1}^*}$,这些中垂线的交点即所求自旋轴的空间位置 O_s^i,且自旋半径为 $|O_s^i A_i^*|$。

3）自旋角速率估计

在已知自旋轴空间位置 O_s^i 的情况下,自旋角速率能够根据同一角点不同的空间位置 A_1^*、A_2^*、A_3^* 及 O_s^i 确定的连续三角形 $\triangle A_i^* O_s^i A_{i+1}^*$ 面积的差商求得。具体地,容易根据空间三角形计算公式得到三角形面积 $S_{\triangle A_i^* O_s^i A_{i+1}^*}$:

$$S_{\triangle A_i^* O_s^i A_{i+1}^*} = \frac{1}{2} \mid \boldsymbol{O}_s^i \boldsymbol{A}_i^* \times \boldsymbol{O}_s^i \boldsymbol{A}_{i+1}^* \mid \tag{3.6}$$

同时，$S_{\triangle A_i^* O_s^i A_{i+1}^*}$ 可以表示为

$$S_{\triangle A_i^* O_s^i A_{i+1}^*} = \frac{1}{2} \mid \boldsymbol{O}_s^i \boldsymbol{A}_i^* \mid \mid \boldsymbol{O}_s^i \boldsymbol{A}_{i+1}^* \mid \sin\omega_s \Delta t \tag{3.7}$$

则自旋角速率 ω_s 能够根据三角形面积 $S_{\triangle A_i^* O_s^i A_{i+1}^*}$ 对 Δt 的差商获得：

$$\omega_s = \lim_{\Delta t \to 0} \frac{\arcsin \dfrac{2S_{\triangle A_i^* O_s^i A_{i+1}^*}}{\mid \boldsymbol{O}_s^i \boldsymbol{A}_i^* \mid \mid \boldsymbol{O}_s^i \boldsymbol{A}_{i+1}^* \mid}}{\Delta t} \tag{3.8}$$

当测量目标做匀速自旋运动时，式(3.8)的角速率估计可以退化为直接求分式的值。当测量时间相对较短时，在测量时间内，假设测量目标做匀速自旋运动，这里采用多组角速率的平均值对自旋角速率 ω_s 进行运动估计。

2. 全局进动运动估计

此处把自旋轴 $\boldsymbol{l}_s^i$ 绕过点 $\boldsymbol{O}_p$、方向为 $\boldsymbol{l}_p = (m_p, n_p, p_p)$ 的进动轴以角速率为 ω_p 的锥面运动称为全局进动运动，进动估计包括进动轴方向及空间位置估计、进动角速率估计两个方面。

1) 进动轴方向及空间位置估计

类似于自旋轴方向估计方法，通过获取的连续多组自旋轴 $\boldsymbol{l}_s^i$ 及其空间位置 $\boldsymbol{O}_s^i$，能够估算进动轴的空间位置及方向。容易发现，当把自旋轴空间位置 $\boldsymbol{O}_s^i$ 置于一点 O' 时，根据单位自旋轴终点 $\boldsymbol{B}_s^i$ 即可确立进动面 $\Pi_{\text{precession}}$，并得到进动面法向量，即进动轴方向 $\boldsymbol{l}_p$，如图3.3所示。

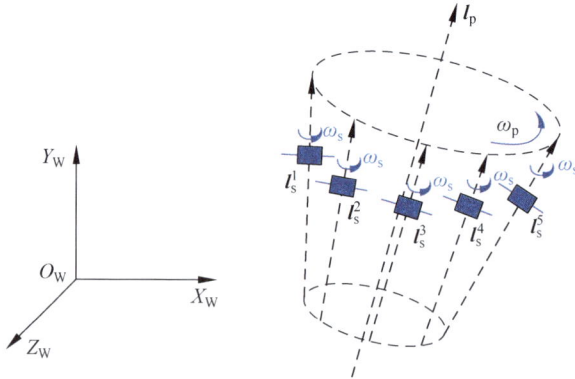

图 3.3   空间失稳目标的进动运动

同样地,类似于自旋轴空间位置的估计方法,进动轴的空间位置能够根据进动面上的单位自旋轴终点 $\boldsymbol{B}_s^i$ 到进动轴距离相等的几何关系确定,即 $|\boldsymbol{O}_p \boldsymbol{B}_s^i| = |\boldsymbol{O}_p \boldsymbol{B}_s^{i+1}|$。在进动面 $\varPi_{\text{precession}}$ 上,两两组合 $\boldsymbol{B}_s^i$($\overline{\boldsymbol{B}_s^1 \boldsymbol{B}_s^2}$,$\overline{\boldsymbol{B}_s^2 \boldsymbol{B}_s^3}$ 等),构建 $\overline{\boldsymbol{B}_s^i \boldsymbol{B}_s^{i+1}}$ 的中垂线 $l_{\boldsymbol{B}_s^i \boldsymbol{B}_s^{i+1}}$,这些中垂线的交点即所求进动轴的空间位置 $\boldsymbol{O}_p$。

2) 进动角速率估计

类似于自旋角速率估计方法,在已知进动轴空间位置 $\boldsymbol{O}_p$ 的情况下,进动角速率能够根据自旋轴终点序列 $\{\boldsymbol{B}_s^i\}$ 及 $\boldsymbol{O}_p$ 组成的连续三角形 $\triangle B_s^i O_p B_s^{i+1}$ 面积的差商求得。在进动面 $\varPi_{\text{precession}}$ 上,空间三角形 $\triangle B_s^i O_p B_s^{i+1}$ 的面积可以表示为

$$S_{\triangle B_s^i O_p B_s^{i+1}} = \frac{1}{2} \, |\boldsymbol{O}_p \boldsymbol{B}_s^i| \, |\boldsymbol{O}_p \boldsymbol{B}_s^{i+1}| \, \sin \omega_p \Delta t \tag{3.9}$$

则进动角速率 ω_p 为

$$\omega_p = \lim_{\Delta t \to 0} \frac{\arcsin \dfrac{2 S_{\triangle B_s^i O_p B_s^{i+1}}}{|\boldsymbol{O}_p \boldsymbol{B}_s^i| \, |\boldsymbol{O}_p \boldsymbol{B}_s^{i+1}|}}{\Delta t} \tag{3.10}$$

当空间失稳目标做匀速锥面运动时,式(3.13)中的角速率 ω_p 的估算可以由其退化形式(直接分式计算)获得。当空间失稳目标做变速锥面运动时,角速率 ω_p 可以通过多组平均角速率近似估计。

3.1.3　运动参数表述下运动估计的实验结果

本书提出的线阵成像畸变矫正方法是通过对空间失稳目标的运动估计实现的,因此本节将通过对不同运动状态空间失稳目标运动估计的准确性验证畸变矫正方法的有效性和稳定性。实验中采用的空间目标(某卫星模型 A)由上海宇航系统工程研究院提供,目标尺寸为 14400mm×4800mm×4400mm,线阵激光成像雷达参数见表 3.1。

表 3.1　线阵激光成像雷达参数

探测距离/m	成像分辨率	视场角/(°)	测距精度/cm	测角精度/(″)	更新率/(帧/s)	扫描时间/(ms/帧)
50	512×512	10×10	2	36	1	500

参照空间失稳目标的实际运动情况,实验分别对自旋角速率为 15～37°/s,进动角速率为 3～14°/s 的空间失稳目标进行运动估计。其中,进动轴方向误差采用向量 2-范数($\|\cdot\|_2$)估计,自旋轴方向误差采用各组自旋轴方向误差均值 mean($\|\cdot\|_2$)估计,角速率误差采用相对误差 $\varepsilon_r = \dfrac{|v-v^*|}{v^*}$ 估计。

1. 空间失稳目标自旋估计的实验结果

由于局部自旋仅利用连续三帧瞬时时刻的线阵图像进行运动估计,不受帧数总量影响,这里仅讨论不同进动对多种局部自旋的影响。在该实验中采用连续 120 帧的线阵图像分别对进动角速率为 3～14°/s,自旋角速率为 15～37°/s 的空间失稳目标仿真数据进行局部自旋运动估计的定量分析,如图 3.4 所示。

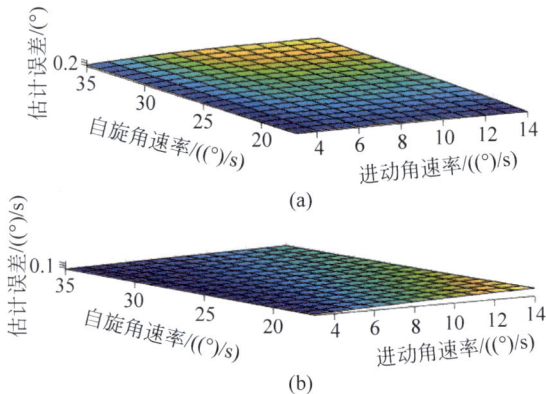

图 3.4   不同进动下的自旋估计

不同进动条件下自旋轴方向的估计误差(a)和自旋角速率的估计误差(b)

由图 3.4 可知,在给定的测试范围内,无论是自旋轴方向还是自旋角速率的运动估计误差都较为理想。相对地,当自旋运动比进动运动显著性大时,对自旋轴方向的估计更为准确,容易看出当自旋角速率较大(大于 30°/s)、进动角速率较小(小于 7°/s)时,自旋轴方向误差几乎为 0。同时,在测量范围内,自旋角速率的相对误差都在 0.1 以下,实验结果非常理想。该组实验说明局部自旋估计受进动影响,自旋运动较进动运动越显著,自旋估计准确度越高,符合本书关于空间失稳目标运动特性前提的假设。

2. 空间失稳目标进动估计的实验结果

全局进动的运动估计是根据连续多组局部自旋运动参数来完成的。进动估计的准确性除了在不同运动状态下考量外，还应考虑选取自旋运动参数的组数，即关于帧数选取的稳定性。这里首先分别采用 5～200 帧的连续线阵图像对进动运动参数为 $l_p = [-0.02, 0.77, 0.64]$、$\omega_p = 5°/s$、自旋运动参数 $\omega_s = 25°/s$、初始自旋轴 $l_s^0 = [-0.15, 0.92, 0.35]$ 的空间失稳目标进行运动估计，其结果如图 3.5 所示。

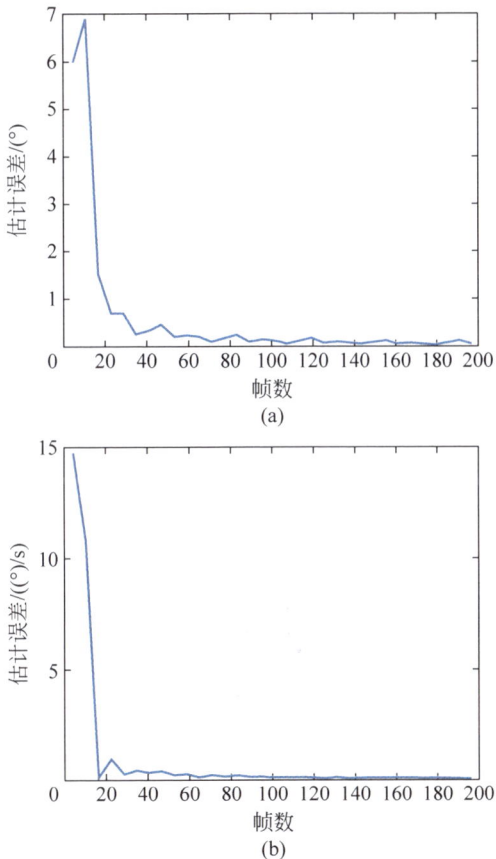

图 3.5　进动估计中关于帧数的条件稳定性分析

在不同帧数情况下进动轴方向的估计误差(a)和进动角速率的估计误差(b)

从图 3.5 不难看出,进动运动估计受帧数选取数量的影响,随着帧数的增加,进动轴方向的估计误差和角速率的估计误差都是递减的。但是,当帧数到达一定量(大于 60 帧)时,进动估计误差几乎不受帧数影响而趋于稳定,说明进动估计具有帧数选取的条件稳定性。为进一步分析进动估计关于帧数选取的条件稳定性,分别采用 60 帧、120 帧和 200 帧的连续线阵图像对进动角速率为 3～14°/s,自旋角速率为 15～37°/s 的空间失稳目标的仿真数据进行了进动轴方向及进动角速率的运动估计。

从图 3.6 可以看到,当采用 120 帧的连续线阵图像时,进动估计的准确度明显好于采用 60 帧时的情形,但是在采用 200 帧的连续线阵图像时,估计的准确度相对于 120 帧时并没有明显提升。特别地,在进动速率为 3°/s 时,采用 120 帧的连续线阵图像所获得的进动轴方向和角速率的误差估计较 60 帧时的准确度有明显提升,但是在采用 200 帧的连续线阵图像时,其相对于 120 帧时没有明显提升。同时,容易发现在进动角速率大于 5°/s 时,60 帧、120 帧和 200 帧的进动估计准确度几乎没有变化,因此可以得出进动估计关于帧数选取满足自旋轴绕进动轴分布一周时的条件稳定性。同时,从该组实验结果容易看出,无论是哪种帧数选取方案,当局部自旋较全局进动的运动显著性高时,进动估计准确性都比较理想,符合本书关于空间失稳目标运动特性的前提假设。

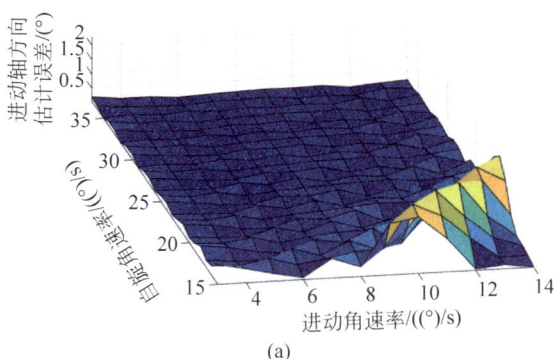

(a)

图 3.6　不同运动状态下进动估计的准确性和稳定性分析

(a)、(b)和(c)分别为采用 60 帧、120 帧和 200 帧的连续线阵图像时进动轴方向的估计误差;(d)、(e)和(f)分别为相应的进动角速率的估计误差

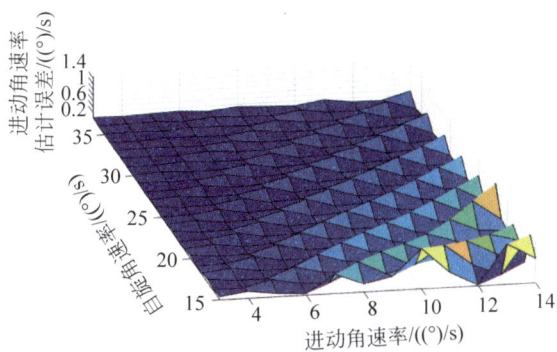

(b)

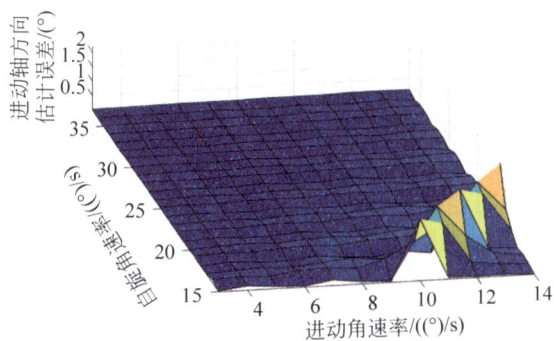

(c)

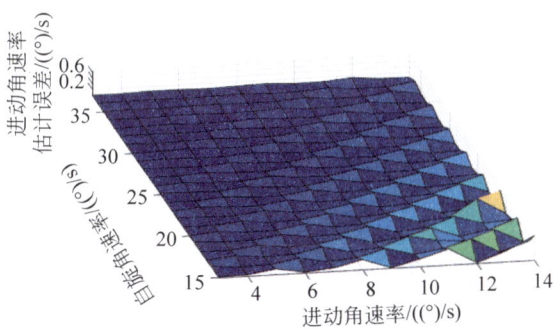

(d)

图 3.6　（续）

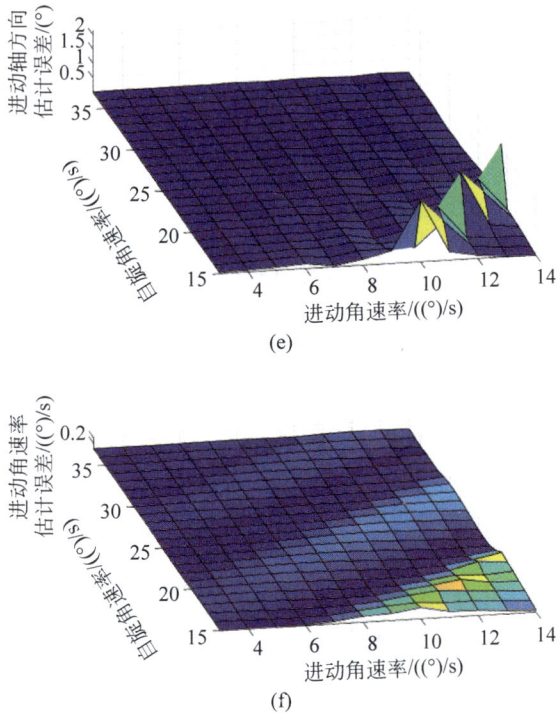

(e)

(f)

图 3.6 （续）

3.1.4　运动参数表述下线阵成像畸变矫正的实验结果

由于动态目标的位姿一直处于变化状态，在线阵测量系统下，直接组合不同时刻获取的多组线信息不能得到动态目标的真实三维位姿。3.1.3 节使读者能够根据畸变线阵图像序列进行运动参数的估计；反过来，这些运动参数也能够对畸变线阵图像进行矫正，进而得到测量目标的真实三维位姿。这里采用归一法，把不同时刻获取的线阵数据转换到基准时刻下对应的空间位置，获取基准时刻的三维位姿。

不失一般性，令目标线阵图像初始采集时刻 t_0 为基准时刻 T，这里将其他时刻 $t_i(i=1,2,\cdots,n)$ 获取的线阵数据恢复到该基准时刻完成线阵图像的畸变矫正。

首先，利用获取的局部自旋和全局进动的运动参数，根据式（3.3）计算 t_i 时刻下自旋轴空间位置 $\boldsymbol{O}_s^i$ 和方向 $\boldsymbol{l}_s^i$ 的新位置 $\boldsymbol{O}_s^{i'}$ 和 $\boldsymbol{l}_s^{i'}$，这里 $\Delta t_i = t_i - t_0$。其次，利用估算出的新自旋轴空间位置 $\boldsymbol{O}_s^{i'}$ 及方向 $\boldsymbol{l}_s^{i'}$，根据

式(3.2)，计算获取点云 $P'(x',y',z')$ 对应的协动坐标 $\tilde{P}(\tilde{x},\tilde{y},\tilde{z})$。最后，利用进动轴空间位置 O_p、方向 $\boldsymbol{l}_p$ 及进动角速率 ω_p，根据式(3.2)，逆推估算采集数据 $P'(x',y',z')$ 在基准时刻 T 下对应的空间位置 $P(x,y,z)$，完成对 t_i 时刻下线阵数据的畸变矫正。对所有时刻 $t_i(i=1,2,\cdots,n)$ 重复以上 3 个步骤，直至逐列完成对获取的线阵图像的畸变矫正，获得基准时刻下空间失稳目标真实三维形貌，如图 3.7 所示。

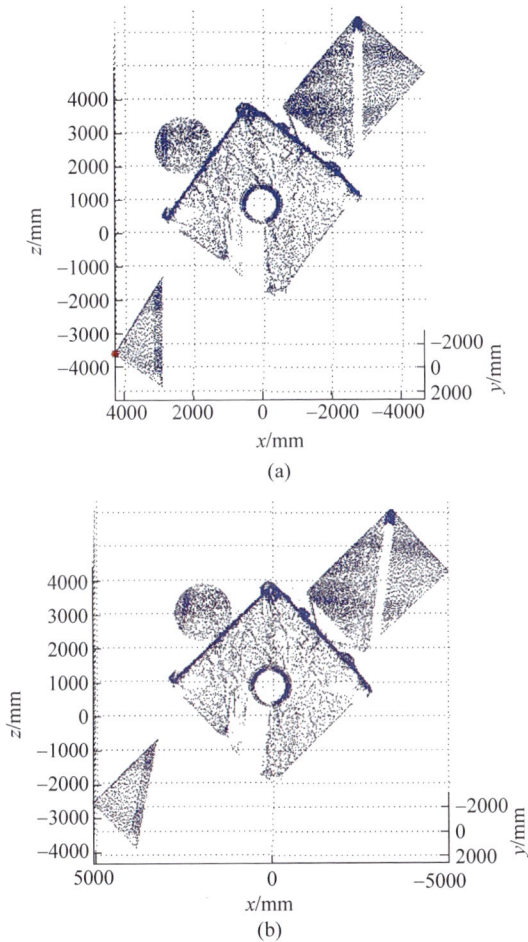

图 3.7　空间失稳目标线阵成像的矫正结果

进动参数 $\boldsymbol{l}_p=[-0.02,0.77,0.64]$，$\omega_p=5°/s$，自旋参数 $\boldsymbol{l}_s^0=[-0.15,0.92,0.35]$，$\omega_s=25°/s$ 下的仿真数据(a)和矫正结果(b)

为进一步分析本书提出方法对线阵成像畸变矫正的有效性,在满足自旋轴绕进动轴分布一周时的条件下对进动角速率为 3～14°/s、自旋角速率为 15～37°/s 的空间失稳目标仿真数据进行了畸变恢复误差的定量分析,如图 3.8 所示。

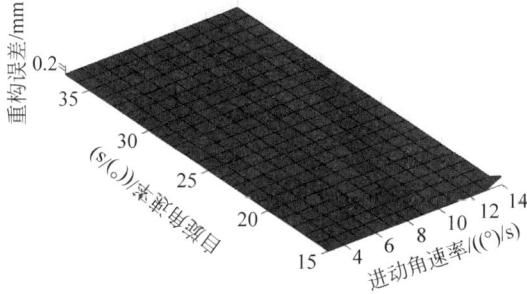

图 3.8　不同运动状态下线阵图像畸变矫正的实验结果

由图 3.8 可知,畸变矫正的准确度和运动估计的准确度几乎保持一致,在自旋运动进动运动显著时,畸变矫正效果更好,符合关于空间失稳目标运动特性前提的假设。

3.1.5　小结

3.1 节利用常见供能装置提供的角点特征在连续多帧线阵图像中的时空关系,提出了一种分层次估算空间失稳目标局部自旋和全局进动运动参数的方法,解决了非合作单载荷下空间失稳目标线阵成像的畸变问题。实验结果显示,该方法针对多种运动状态的空间失稳目标均能达到令人满意的运动估计准确度。特别地,当自旋角速率较大(大于 30°/s)、进动角速率较小(小于 7°/s)时,自旋方向估计误差几乎为零,自旋角速率估计的相对误差在 0.01°/s 以下,实验结果非常理想,符合本书关于空间失稳目标运动特性的前提假设。同时根据在进动角速率为 3°/s 时,采用 120 帧的连续线阵图像较 60 帧时的估计准确度明显提升,而采用 200 帧的连续线阵图像较 120 帧时无明显变化。当进动角速率大于 5°/s 时,选取 60 帧、120 帧和 200 帧的连续线阵图像所获得的进动估计准确度几乎没有变化,该实验结果论证了帧数选取以自旋轴绕进动轴旋转一周为宜的稳定条件,为该方法在其他线阵式测量需求中的应用提供指导和参考。值得说明的是,该方法仍存在一定的局限性,对于特征形貌先验信息完全缺失的空间目标,其线阵成像的畸变矫正有待进一步研究。

3.2　球面坐标表述下空间失稳目标的运动估计

运动估计是解决线阵测量系统下动态目标成像畸变问题的有效手段,然而空间失稳目标的非合作性和运动复杂性往往使得运动估计精度难以保证。为提高运动估计的准确性,本节提出了一种特征驱动的空间失稳目标高精度运动估计方法。该方法首先引入球面坐标建立一般空间失稳目标的自约束时空运动模型,将运动估计推演到高维空间进行非线性无约束求解。其次,根据真实解的存在唯一性,提出了异帧相似判别法以进行非线性求解的成功判别,提高运动估计的准确性和鲁棒性。最后,实验比较了不同条件下多类非线性求解方法针对本问题的求解效率,提出了一种基于初值精度划分的求解策略,进一步提高运动估计的效率。实验结果显示该方法最多采用 15 帧即可实现一般情况的高精度($<10^{-5}$)运动估计,进而能够对成像畸变进行精准畸变矫正。

3.2.1　球面坐标表述下的运动模型

根据线阵激光成像雷达的成像原理,每个时刻只能获取测量目标的一组线信息。因此,线阵图像中不同线信息对应的旋转矩阵 $\boldsymbol{R}$ 和平移向量 $\boldsymbol{T}$ 是不相同的[15],并且随着时间的增加,式(2.2)和式(2.3)将会更加复杂。同时,由于旋转矩阵 $\boldsymbol{R}$(式(2.1))必须为正交矩阵,因此采用式(2.2)和式(2.3)进行的运动估计将会是正交约束下的运动参数非线性求解问题,求解过程复杂且很难保证准确性。

本节引入球面坐标以表述自旋轴方向和进动轴方向,从而使得运动模型(式(2.2)和式(2.3))转化为自约束形式,进而对运动参数的复杂非线性求解转为高维空间的非线性无约束求解。

在运动模型(式(2.2)和式(2.3))中引入球面坐标,即将自旋轴 $\boldsymbol{l}_s^i = (m_s^i, n_s^i, p_s^i)$ 和进动轴 $\boldsymbol{l}_p^i = (m_p^i, n_p^i, p_p^i)$ 采用球面坐标表述,其单位化形式 $\boldsymbol{l}_s^i = (\cos\alpha_s^i \sin\beta_s^i, \sin\alpha_s^i \sin\beta_s^i, \cos\beta_s^i)$,$\boldsymbol{l}_p = (\cos\alpha_p \sin\beta_p, \sin\alpha_p \sin\beta_p, \cos\beta_p)$,并将其代入式(2.2)的 $\boldsymbol{A}_s^i$ 和式(2.3)的 $\boldsymbol{A}_p$,此时,$\boldsymbol{A}_s^i$ 和 $\boldsymbol{A}_p$ 可进一步表示为

$$\boldsymbol{A}_s^i = \begin{bmatrix} -\sin\alpha_s^i & -\cos\alpha_s^i\cos\beta_s^i & \cos\alpha_s^i\sin\beta_s^i \\ \cos\alpha_s^i & -\sin\alpha_s^i\cos\beta_s^i & \sin\alpha_s^i\sin\beta_s^i \\ 0 & \sin\beta_s^i & \cos\beta_s^i \end{bmatrix} \quad (3.11)$$

$$A_{\mathrm{p}} = \begin{bmatrix} -\sin\alpha_{\mathrm{p}} & -\cos\alpha_{\mathrm{p}}\cos\beta_{\mathrm{p}} & \cos\alpha_{\mathrm{p}}\sin\beta_{\mathrm{p}} \\ \cos\alpha_{\mathrm{p}} & -\sin\alpha_{\mathrm{p}}\cos\beta_{\mathrm{p}} & \sin\alpha_{\mathrm{p}}\sin\beta_{\mathrm{p}} \\ 0 & \sin\beta_{\mathrm{p}} & \cos\beta_{\mathrm{p}} \end{bmatrix} \qquad (3.12)$$

由于式(3.11)的 A_{s}^{i} 和式(3.12)的 A_{p} 总是满足 $A_{\mathrm{s}}^{i}A_{\mathrm{s}}^{i\mathrm{T}}=E$ 和 $A_{\mathrm{p}}A_{\mathrm{p}}^{\mathrm{T}}=E$,这里,$E$ 是单位矩阵,则如上述形式的 A_{s}^{i} 和 A_{p} 总是正交矩阵。容易验证 $B_{\omega_{\mathrm{s}}}$ 和 $B_{\omega_{\mathrm{p}}}$ 也是正交矩阵。根据正交矩阵性质(正交矩阵的乘积也是正交矩阵),能够得出采用式(2.2)的 $B_{\omega_{\mathrm{s}}}$、式(2.3)的 $B_{\omega_{\mathrm{p}}}$、式(3.11)的 A_{s}^{i} 和式(3.12)的 A_{p} 建立的运动模型,其旋转矩阵 $R_{\omega_{\mathrm{s}}}=A_{\mathrm{s}}^{i}B_{\omega_{\mathrm{s}}}A_{\mathrm{s}}^{i\mathrm{T}}$ 和 $R_{\omega_{\mathrm{p}}}=A_{\mathrm{p}}B_{\omega_{\mathrm{p}}}A_{\mathrm{p}}^{\mathrm{T}}$ 总是满足旋转矩阵 R 的正交约束,即新运动模型(式(2.2)和式(2.3)、式(2.11)和式(2.12))具有正交的自约束性。

综上,将球面坐标引入运动参数表述下的运动模型(式(2.2)和式(2.3))能够建立其自约束形式的空间失稳目标运动模型。该自约束运动模型不仅减少了原模型中待定参数的个数,也将运动估计问题转化为自约束下的高维非线性求解问题,极大地提高了运动参数的求解效率。

3.2.2　球面坐标表述下的运动估计

自约束空间失稳目标运动模型(式(2.2)和式(2.3)、式(3.14)和式(3.15))的建立使得笔者能够将空间失稳目标的运动估计问题转化为无约束下 9 个待定参数的非线性求解问题。然而,高维非线性求解一直是数学上的一个难题,并没有一般性的解析求解方法,通常采用迭代寻优的数值方法求解。针对本问题,理论上,只需要建立 9 个关于这些待定参数的方程进行运动估计,即

$$P_{i+1} - f(P_i, \alpha_{\mathrm{s_0}}, \beta_{\mathrm{s_0}}, \omega_{\mathrm{s}}, \alpha_{\mathrm{p}}, \beta_{\mathrm{p}}, \omega_{\mathrm{p}}, O_{\mathrm{p}}) = 0, \quad i = 0,1,2 \quad (3.13)$$

式中,P_i 和 P_{i+1} 分别为同一点特征在等时间间隔下的空间位置;$\alpha_{\mathrm{s_0}}$、$\beta_{\mathrm{s_0}}$ 和 α_{p}、β_{p} 分别为初值自旋轴方向和进动轴方向对应的球面参数;ω_{s} 和 ω_{p} 分别为自旋角速率和进动角速率;O_{p} 为进动轴空间位置。然而,在实际中,为避免非线性求解的不唯一性,通常采用拟合的方式来获得待定参数的数值解,这里选择它的最小二乘解,即

$$\min \sum_{i>2} \parallel P_{i+1} - f(P_i, \alpha_{\mathrm{s_0}}, \beta_{\mathrm{s_0}}, \omega_{\mathrm{s}}, \alpha_{\mathrm{p}}, \beta_{\mathrm{p}}, \omega_{\mathrm{p}}, O_{\mathrm{p}}) \parallel^2 \quad (3.14)$$

传统数值迭代求解方法[50-53]多受初值影响严重,智能寻优方法[54-57]在迭代后期的求解效率也有待提高。近年来,结合两类方法优点的改进智能寻

优方法也被提出,改进方式通常依据具体问题[57]不同而不同。为提高本问题的求解效率,笔者依据初值精度提出了分策略的求解方法,即在满足文献[58](运动参数表述下空间失稳目标的运动估计方法,见 3.1 节)中的稳定条件下采用局部收敛性强的传统迭代求解方法,在无先验判别的一般情况下采用受初值影响小、数值论证佳的改进智能寻优方法,具体流程如图 3.9 所示。

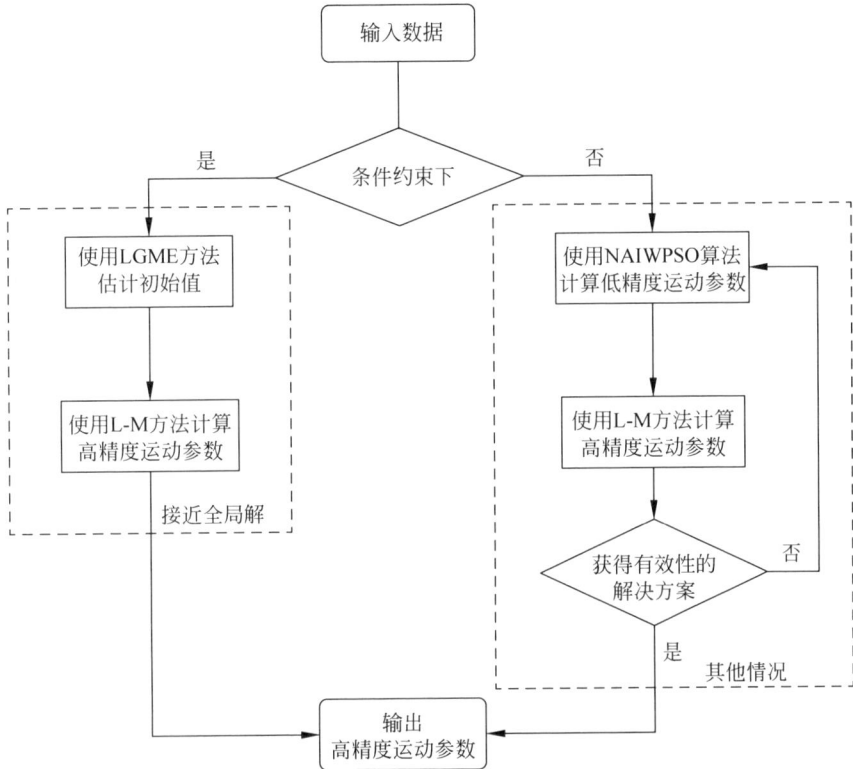

图 3.9　空间失稳目标高精度运动估计方法流程图

LGME:local similarity and global continuity-based motion estimation,局部相似性和全局连续性的运动估计;L-M 方法:Levenberg-Marquardt method,列文伯格-马夸尔特方法;NAIWPSO:new adaptive inertia weight based PSO,基于自适应惯性权重的粒子群优化

1. 初值精度高情况下的运动估计

当实际情况满足文献[58]中的稳定条件(自旋运动较进动显著且帧数选取满足自旋轴绕进动轴旋转一周)时,就能够估算精度较高的运动参数。在该种情况下,待定运动参数离真实最优解较近,以其作为迭代初值,

采用局部收敛能力强的传统迭代求解方法便能够快速地收敛到高精度运动参数。本书比较了不同运动情况下多种传统非线性求解方法在初值精度高时的求解效率（收敛速度和收敛精度），如图 3.10 所示。

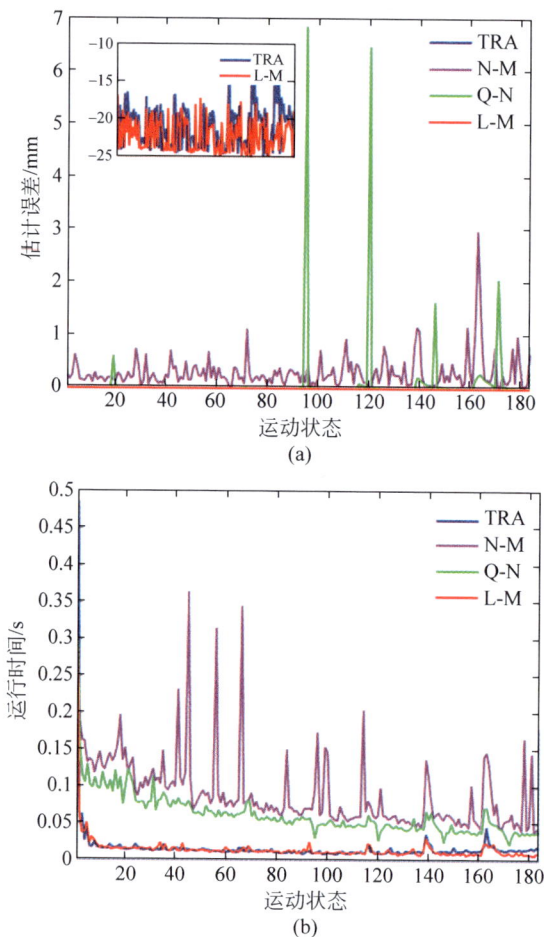

图 3.10　多种传统非线性求解方法在初值精度高时的求解效率

信任域法（trust region algorithm，TRA）[49]、单纯形法（Nelder-Mead simplex algorithm，N-M）[50]、拟牛顿法（Quasi-Newton methods，Q-N）[51] 和列文伯格-马夸尔特（Levenberg-Marquardt，L-M）[52] 方法不同运动状态下的收敛精度（a）和收敛速度（b）的比较结果

由图 3.10 容易发现，在离真实解较近的情况下，L-M 方法无论是在收敛精度还是在收敛速度方面较其他方法都具有优势，因此本书选择 L-M 方法作为初值精度高时的非线性求解方法[52]。

2. 一般情况下的运动估计

当实际情况不满足文献中的稳定条件(或无法进行先验判别)时,运动估计的初值精度往往得不到保障,甚至存在严重偏离真实解的情况。在该种情况下,引入群智能方法,通过种群间的协同合作补偿非线性求解对初值精度的敏感性,并在迭代后期采用局部收敛速度快的 L-M 方法提高收敛效率,最后通过先后两次异帧情况下最小二乘解的相似度进行成功判别,高效地实现了一般情况下空间失稳目标的高精度运动估计。

为分析不同粒子群寻优方法针对本问题的求解效率,这里比较了惯性因子及加速因子在固定优选值[53](粒子群优化(particle swarm optimization, PSO)算法)、线性控制[54](具有时间变化加速度系数的二进制粒子群优化(binary PSO with time varying a celeration coefficients,BPSOTVAC)算法)、非线性控制(自适应粒子群优化(adaptive particle swarm optimization, APSO)算法)[55]及惯性自适应控制[56](基于自适应惯性权重的粒子群优化(new adaptive inertia weight based PSO,NAIWPSO)算法)下,采用多种粒子群寻优方法对本问题适应度(式(3.14))的变化及平均运行时间的比较结果。考虑粒子群寻优固有的随机性,对每个运动状态进行 100 次实验,去掉最好和最差的 10 次结果后对其进行综合评估,如图 3.11 所示。

由图 3.11 可见,在运行时间几乎相同的情况下,NAIWPSO 算法较其他方法对本问题的适应度下降速度最快、收敛效率最高,故本书选取 NAIWPSO 算法作为一般情况下非线性求解前期的群优化方法。同时,为解决 PSO 算法在迭代后期收敛效率不高的问题,在求解后期采用具有局部收敛快的 L-M 方法加快求解进程,可进一步提高该情况下非线性求解的效率。

值得说明的是,由于 PSO 算法固有的随机性和 L-M 方法的初值敏感性,按照上述方法求解并不能保证运动参数非线性求解的准确性。为抑制非线性求解固有的不稳定性,笔者根据本问题真实解的存在唯一性提出了异帧相似判别法则,即根据先后两次在帧数不同条件下最小二乘解的相似度对获取的运动参数进行成功判别。

设当且仅当

$$\| X_1^* - X_2^* \| < \varepsilon \tag{3.15}$$

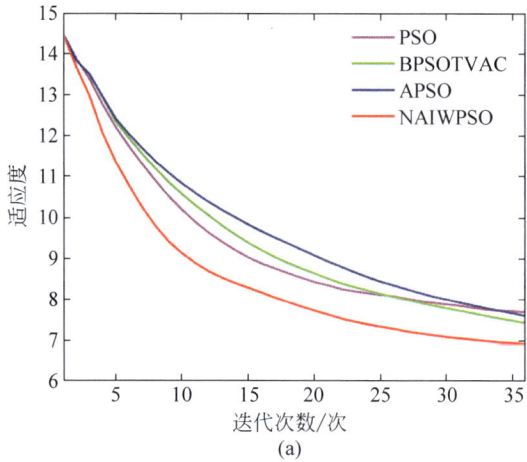

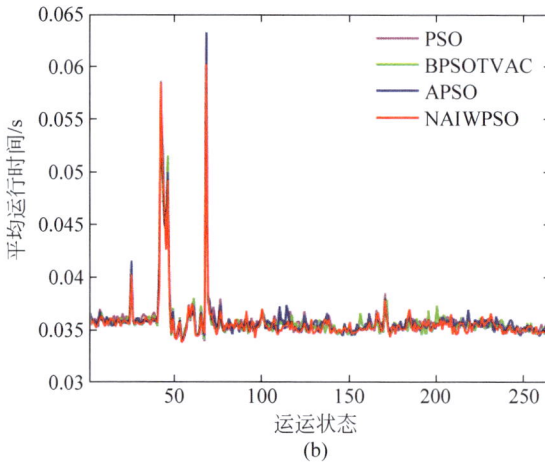

图 3.11　多种粒子群方法在一般情况下收敛效率的比较结果

种群规模为 100,最大迭代次数为 35

(a)和(b)分别为 PSO、BPSOTVAC、APSO、NAIWPSO 在不同运动状态下的平均适
应度变化及平均运行时间的比较结果

时,$X_1^* = (\alpha_{s_0}^1, \beta_{s_0}^1, \omega_s^1, \alpha_p^1, \beta_p^1, \omega_p^1, \boldsymbol{O}_p^1)$ 和 $X_2^* = (\alpha_{s_0}^2, \beta_{s_0}^2, \omega_s^2, \alpha_p^2, \beta_p^2, \omega_p^2, \boldsymbol{O}_p^2)$ 分别为不同帧数选取条件下获得的最小二乘解。这里,ε 为给定阈值,取 $\varepsilon = 10^{-3}$,判定非线性求解成功;否则,判定为求解不成功并重新进行一般情况下的求解流程直至求解成功。

从实验结果看,该判别法则极大地抑制了非线性求解中的不稳定因素,能够保证一般情况下本方法运动估计的准确性和鲁棒性。同时,不难发现提出的异帧相似判别法并不只适用于本问题,也能够被推广到其他非线性方法的求解,以提高其求解的准确性和鲁棒性。

3.2.3　球面坐标表述下运动估计的实验结果

本节以 64 位 Windows 10 系统、Intel(R)Core(TM)I7-7500U CPU@2.70 GHz 处理器、16GB 内存为实验环境验证本节方法运动估计的有效性。实验源数据来自上海宇航系统工程研究院,采用尼康激光扫描仪获取卫星模型的三维点云,整体尺寸 14400mm×4800mm×4400mm。根据空间失稳目标的实际运动情况,实验分别对自旋角速率 $\omega_s=15\sim37°/s$,进动角速率 $\omega_p=3\sim14°/s$ 的空间失稳目标进行运动估计。

实验分别在满足文献[58]中的稳定条件及一般情况下对不同运动状态空间失稳目标进行了运动估计。这里,采用向量 2 范数($\|\cdot\|_2$)计算初始自旋轴、进动轴的估计误差,采用绝对误差($|\cdot|$)计算自旋角速率 ω_s 的估计误差和进动角速率 ω_p 的估计误差。

1. 初值精度高时运动估计的实验分析

当自旋运动较进动显著且帧数选取满足自旋轴绕进动轴旋转一周时,文献[58]能够估算精度较高的运动参数,以这些运动参数为本问题非线性求解(式(2.2)和式(2.3)、式(3.11)～式(3.14))的初值,能够快速地(平时运行时间小于 0.25s)收敛到高精度的运动参数。这里,选取实验对象为自旋角速率 $\omega_s=15\sim37°/s$,进动角速率 $\omega_p=3\sim10°/s$ 的空间失稳目标,图 3.12 给出了本节方法与其他两种方法(相对姿态测量(relative pose measurement,RPM[27]方法)、局部相似性和全局连续性的运动估计(local similarity and global continuity-based motion estimation,LGME[58])方法)的运动估计比较结果。

由于 RPM[27]方法仅考虑空间失稳目标的自旋运动,这里只给出该方法自旋参数的实验比较结果。如图 3.12 所示,当进动运动不可忽略时,RPM 方法的运动估计误差较大。同时,容易发现,即使满足帧数选取的稳定条件,当进动比较剧烈时,LGME[58]方法的运动估计精度仍会受到影响,很难获得高精度的运动估计,而本节方法(球面坐标表述的空间失稳目标运动估计方法)在该组实验中针对不同运动状态的运动估计均能够达到高精度($<10^{-4}$)的估计结果。

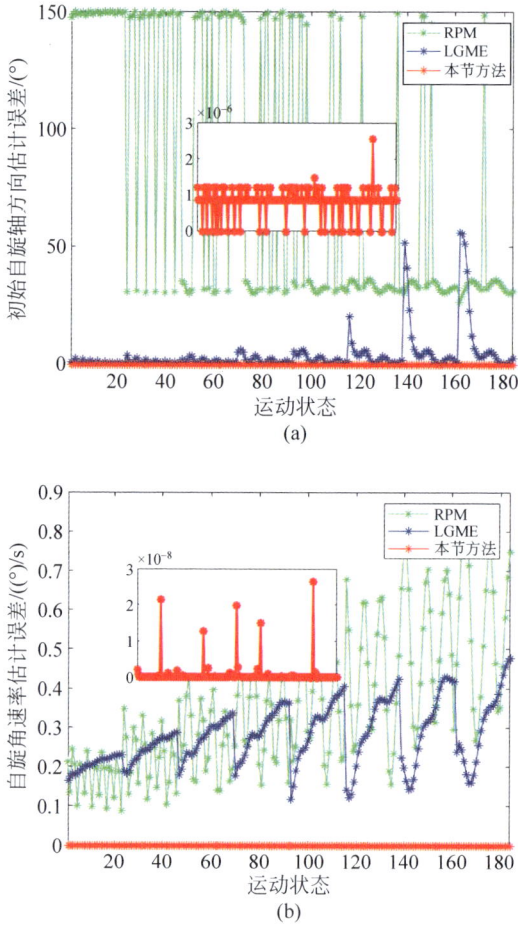

(a)

(b)

图 3.12   初值精度高时本节方法(球面坐标表述下空间失稳目标的运动估计方法)与 RPM[27] 方法和 LGME[58] 方法运动估计的比较结果

(a)初始自旋轴、(b)自旋角速率、(c)进动轴、(d)进动角速率及(e)进动轴空间位置在不同运动状态下估计误差的比较结果

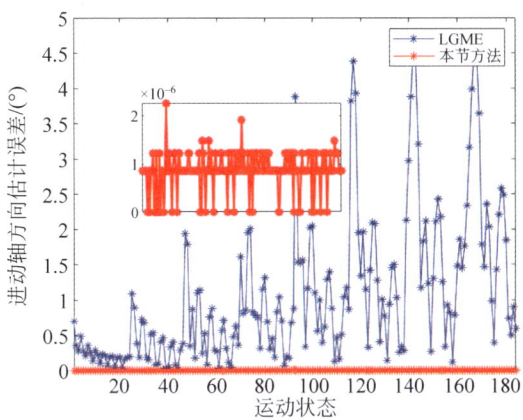

(c)

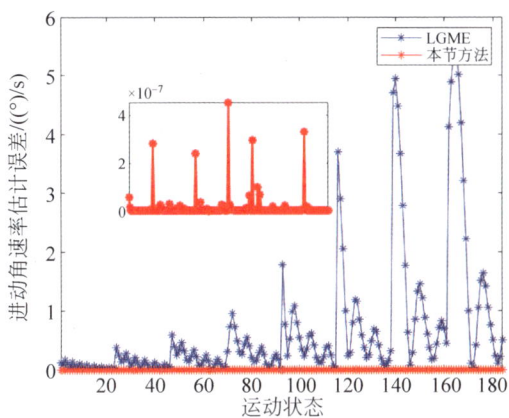

(d)

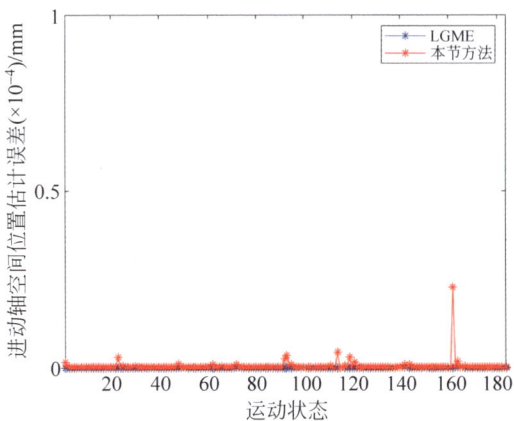

(e)

图 3.12 （续）

2. 一般情况下运动估计的实验分析

当实际情况不满足文献[58]中的稳定条件或无先验判别时，LGME 方法不能保证运动估计的精度，甚至存在远远偏离真实解的情况。为检验本书方法（球面坐标表述的空间失稳目标运动估计方法）在一般情况下运动估计的有效性，笔者根据实际研究背景，对 $\omega_s = 15 \sim 37°/s, \omega_p = 3 \sim 14°/s$ 的空间失稳目标采用固定帧数（11 帧）选取方案，给出与 RPM[27] 方法和 LGME[58] 方法的实验比较结果，如图 3.13 所示。

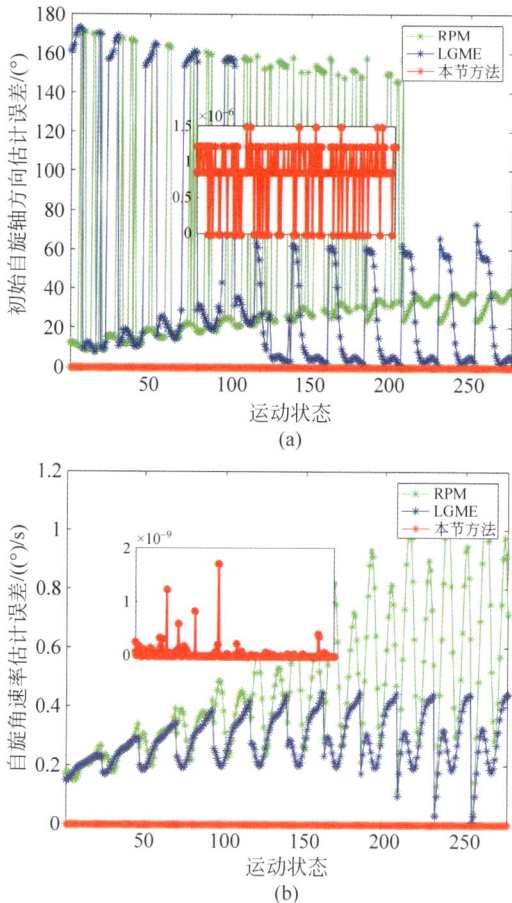

(a)

(b)

图 3.13 一般情况下本节方法（球面坐标表述下空间失稳目标的运动估计方法）与 RPM[27] 方法和 LGME[58] 方法运动估计的比较结果

（a）初始自旋轴、（b）自旋角速率、（c）进动轴、（d）进动角速率及（e）进动轴空间位置在不同运动状态下估计误差的比较结果

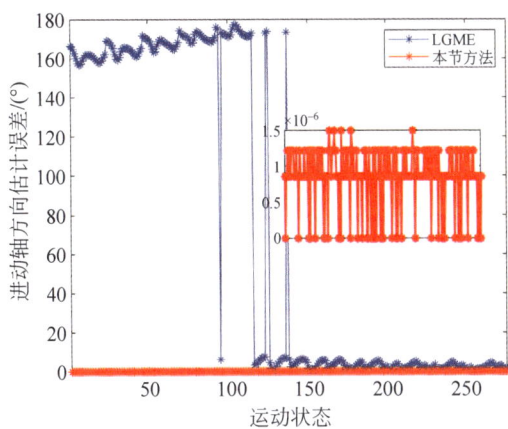

(c)

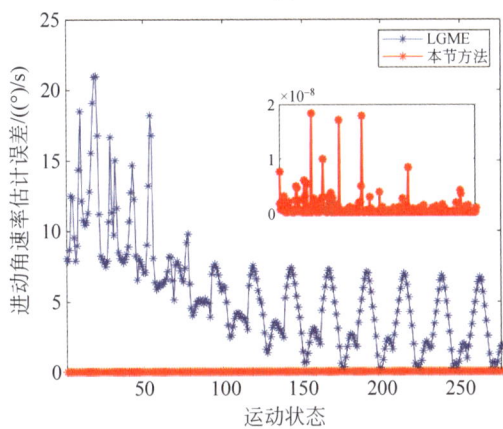

(d)

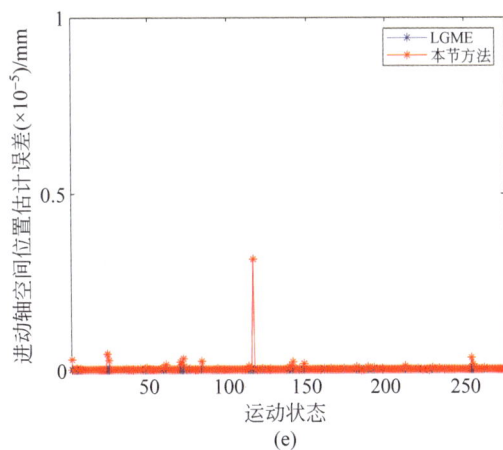

(e)

图 3.13　（续）

从图 3.13 可以看出，RPM 方法在该组实验中的运动估计精度仍然不高，尤其当进动较显著时，估计误差很大。同时，在固定帧数选取方案下，LGME 方法的运动估计也出现了严重偏离真实解的情况，充分说明了 LGME 方法的局限性。而本节方法在固定帧数（11 帧）选取方案下对研究背景下所有运动状态均能够达到高精度（$<10^{-5}$）的运动估计，其平均运行时间小于 2.62s。

为进一步分析本方法实际使用的帧数，笔者统计了不同运动状态所需的线阵图像的数量，如图 3.14 所示。

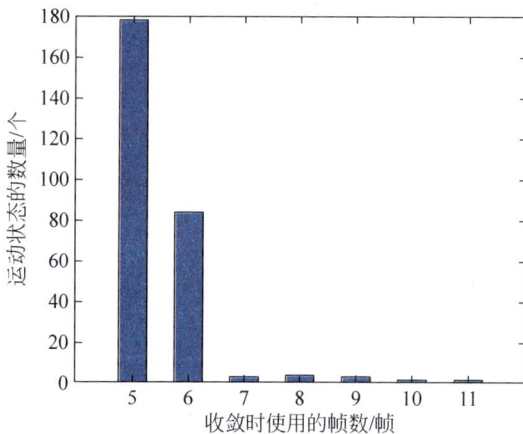

图 3.14 本节方法中实际使用线阵图像数量的统计图

由图 3.14 可见，采用本节方法在本研究背景下最多采用 11 帧线阵图像才能获得目标全局最优解，而多数情况下只需使用 5 帧就能够得到高精度的运动参数。该组实验结果说明本节方法不受帧数选取的条件稳定约束，在固定帧数（11 帧及以上）方案下均可实现一般情况的高精度运动估计。

3.2.4 球面坐标表述下线阵成像畸变矫正的实验结果

在线阵测量系统下，每一时刻只能获取测量目标的一组线信息。对于静态目标，直接组合不同时刻获取的多组线信息能够得到测量目标的真实三维形貌。但对于动态目标，由于测量目标的位姿一直处于变化状态，不同时刻获取的是当前时刻下测量目标单元位置的距离信息，直接组合这些线信息并不能真实反映测量目标的三维形貌，称这类深度图像为测量目标的畸变线阵图像。畸变线阵图像序列中蕴含了动态目标的运动信息,因此能用于运动估计。反过来,根据运动估计的结果,即估算出的运动参数,也能用于对畸变线阵图像序列进行畸变矫正,得到动态目标真实的三维位姿。

　　这里,笔者最后分析了本节方法在线阵成像畸变矫正中的有效性。当动态目标线阵成像的畸变是由测量目标与采集设备的相对运动引起的时,类似于 3.1.4 节提出的畸变矫正方法,这里也采用归一法,将其他时刻获取的线阵信息根据运动参数归一化到同一时刻,即基准时刻 T,得出基准时刻空间失稳目标的三维位姿。不失一般性,这里设初始采集时刻 t_0 为基准时刻 T,以点云在基准时刻空间位置的平均估计误差评价畸变矫正效果。图 3.15 给出了一般情况下基于固定帧数选取方案的本书方法与 RPM[27] 方法、LGME[58] 方法在畸变矫正方面的比较结果。

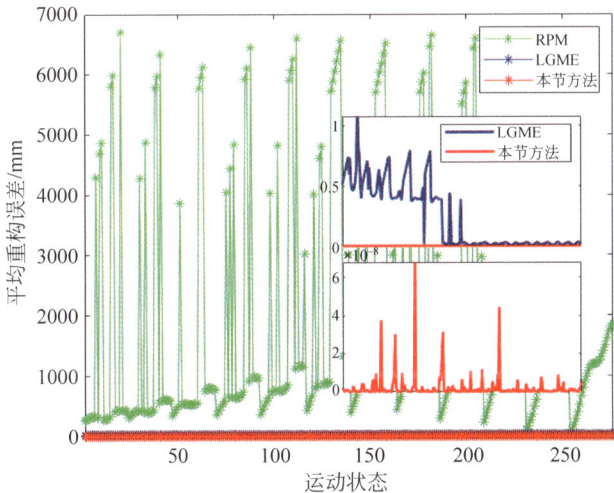

图 3.15　一般情况下本节方法与 RPM 方法及 LGME 方法在成像畸变矫正的比较结果

　　由图 3.15 可见,畸变矫正的准确度与运动估计的精度是正相关的,本节方法相较其他两种方法在不同运动状态下均获得了最好的畸变矫正结果,实现了固定帧数选取方案一般情况下的精准($<10^{-6}$)畸变校正。

3.2.5　小结

　　本节通过引入球面坐标建立了自约束空间失稳目标运动模型,将运动估计问题转化为高维空间的无约束非线性求解问题。同时,提出了两次异帧相似判别法则,极大地抑制了非线性求解固有的不稳定性,提高了运动估计的准确性和鲁棒性,实现了单传感器线阵测量系统一般情况空间失稳目标的高精度运动估计。该方法不受 LGME[58] 方法的条件稳定性约束,在固定帧数(11 帧及以上)选取方案下均能实现一般情况的空间失稳目标的高精度($<10^{-5}$)运动估计,进而得到高精度($<10^{-6}$)的畸变矫正结果。固定帧数选取方案解决了运动状态先验未知情况下运动精度难以保证的难题,但对于形状先验未知的情况,本节方法仍有局限性,该问题的解决将是未来研究的目标。

3.3   传输模型表述下空间失稳目标的运动估计

运动估计是矫正获取的空间失稳目标畸变点云的有效方法。然而,空间失稳目标的非合作性和运动复杂性使得精确估算其运动参数变得非常困难,尤其是对于单传感器载荷下的线阵测量系统。为了解决这个问题,本节创新性地提出了一种用于空间失稳目标运动估计的运动表述法。该运动表述法被称为传输模型,它将对运动参数的非线性求解转换为对正交矩阵多项式形式的求解,极大地提高了运动估计效率。同时,本节还引入了正交矩阵的自约束形式,进而把原来对正交矩阵的带约束优化问题转换为对其自约束形式的无约束求解问题,进一步提升了运动估计的准确性和鲁棒性。最后,为了高效地求解运动参数,本节还设计了一种有效的策略,通过逐步增加使用点云的数量以满足异帧相似法则下的精度判别,最终给出运动参数的高精度估计结果。实验结果表明,对于实际应用场景的各种运动状态,本节方法都能在 0.5s 内实现较其他方法更高的运动估计精度和更好的畸变矫正结果。

3.3.1   传输模型表述下空间失稳目标的运动模型

1. 齐次坐标下的一般运动模型

在世界坐标系下,设 P 为空间失稳运动目标表面上一点或一个点特征,P^i 和 P^{i+1} 是其相应于时刻 t_i 和 t_{i+1} 的空间位置。P^{i+1} 为 P^i 点经过 $\Delta t = t_{i+1} - t_i$ 时刻后的位置。P^i 和 P^{i+1} 的关系可一般地表示为

$$P^{i+1} = RP^i + T \qquad (3.16)$$

这里,R 为 3×3 的旋转矩阵,它是一个实系数正交矩阵。T 为 3×1 的平移向量。采用齐次坐标,式(3.16)可进一步表示为

$$\begin{bmatrix} \boldsymbol{P}^{i+1} \\ 1 \end{bmatrix} = \begin{bmatrix} \boldsymbol{R} & \boldsymbol{T} \\ \boldsymbol{0} & 1 \end{bmatrix} \begin{bmatrix} \boldsymbol{P}^i \\ 1 \end{bmatrix} = \boldsymbol{H} \begin{bmatrix} \boldsymbol{P}^i \\ 1 \end{bmatrix} \tag{3.17}$$

这里，$\boldsymbol{0}$ 是一个 1×3 的零向量，$\boldsymbol{H}$ 是一个 4×4 位姿矩阵，它由旋转矩阵 $\boldsymbol{R}$ 和平移向量 $\boldsymbol{T}$ 共同决定。由于旋转矩阵 $\boldsymbol{R}$ 和平移向量 $\boldsymbol{T}$ 随时间变化，因此位姿矩阵 $\boldsymbol{H}$ 在不同时刻也是不同的。

2. 齐次坐标下空间失稳目标的运动模型

根据空间失稳目标的运动规律，将齐次坐标下的一般运动模型（式(3.20)）具体化。设空间失稳目标绕过点 $\boldsymbol{O}_s^i = (x_s^i, y_s^i, z_s^i)^{\mathrm{T}}$，方向为 $\boldsymbol{l}_s^i = (m_s^i, n_s^i, p_s^i)^{\mathrm{T}}$ 的自旋轴以角速率 ω_s 做旋转运动。此时，$\boldsymbol{P}^i$ 和 $\boldsymbol{P}^{i+1}$ 的关系可表示为

$$\begin{bmatrix} \boldsymbol{P}^{i+1} \\ 1 \end{bmatrix} = \underbrace{\begin{bmatrix} \boldsymbol{A}_s^i \boldsymbol{B}_{\omega_s} \boldsymbol{A}_s^{i\mathrm{T}} & (\boldsymbol{E} - \boldsymbol{A}_s^i \boldsymbol{B}_{\omega_s} \boldsymbol{A}_s^{i\mathrm{T}})\boldsymbol{O}_s^i \\ \boldsymbol{0} & 1 \end{bmatrix}}_{\boldsymbol{H}} \begin{bmatrix} \boldsymbol{P}^i \\ 1 \end{bmatrix} \tag{3.18}$$

这里，$\boldsymbol{E}$ 是 3×3 的单位矩阵，$\boldsymbol{A}_s^i$ 和 $\boldsymbol{B}_{\omega_s}$ 可表示为

$$\boldsymbol{A}_s^i = \boldsymbol{A}(\boldsymbol{l}_s^i) = \begin{bmatrix} \dfrac{-n_s^i}{\sqrt{m_s^{i2} + n_s^{i2}}} & \dfrac{-m_s^i p_s^i}{\sqrt{m_s^{i2} + n_s^{i2}}\sqrt{m_s^{i2} + n_s^{i2} + p_s^{i2}}} & \dfrac{m_s^i}{\sqrt{m_s^{i2} + n_s^{i2} + p_s^{i2}}} \\ \dfrac{m_s^i}{\sqrt{m_s^{i2} + n_s^{i2}}} & \dfrac{-n_s^i p_s^i}{\sqrt{m_s^{i2} + n_s^{i2}}\sqrt{m_s^{i2} + n_s^{i2} + p_s^{i2}}} & \dfrac{n_s^i}{\sqrt{m_s^{i2} + n_s^{i2} + p_s^{i2}}} \\ 0 & \dfrac{m_s^{i2} + n_s^{i2}}{\sqrt{m_s^{i2} + n_s^{i2}}\sqrt{m_s^{i2} + n_s^{i2} + p_s^{i2}}} & \dfrac{p_s^i}{\sqrt{m_s^{i2} + n_s^{i2} + p_s^{i2}}} \end{bmatrix}$$

$$\boldsymbol{B}_{\omega_s} = \boldsymbol{B}(\omega_s) = \begin{bmatrix} \cos\omega_s \Delta t & -\sin\omega_s \Delta t & 0 \\ \sin\omega_s \Delta t & \cos\omega_s \Delta t & 0 \\ 0 & 0 & 1 \end{bmatrix}$$

根据空间失稳目标的运动规律，空间失稳目标的自旋轴 $\boldsymbol{l}_s^i$ 也绕过点 $\boldsymbol{O}_p$，方向为 $\boldsymbol{l}_p = (m_p, n_p, p_p)$ 的进动轴以角速率 ω_p 做锥面运动，此时 $\boldsymbol{P}^i$ 和 $\boldsymbol{P}^{i+1}$ 的关系进一步扩展为

$$\boldsymbol{P}^{i+1} = \boldsymbol{A}_s^i \boldsymbol{B}_{\omega_s} \boldsymbol{A}_s^{i\mathrm{T}} (\widetilde{\boldsymbol{P}}^i - \boldsymbol{O}_s^i) + \boldsymbol{O}_s^i \tag{3.19}$$

这里，$\widetilde{\boldsymbol{P}}^i = \boldsymbol{A}_p \boldsymbol{B}_{\omega_p} \boldsymbol{A}_p^{\mathrm{T}}(\boldsymbol{P}^i - \boldsymbol{O}_p) + \boldsymbol{O}_p$，$\boldsymbol{A}_p$ 和 $\boldsymbol{B}_{\omega_p}$ 也是进动轴 $\boldsymbol{l}_p$ 和进动角速率 ω_p 的表达式：

$$\boldsymbol{A}_{\mathrm{p}} = \boldsymbol{A}(\boldsymbol{l}_{\mathrm{p}}) = \begin{bmatrix} \dfrac{-n_{\mathrm{p}}}{\sqrt{m_{\mathrm{p}}^2 + n_{\mathrm{p}}^2}} & \dfrac{-m_{\mathrm{p}} p_{\mathrm{p}}}{\sqrt{m_{\mathrm{p}}^2 + n_{\mathrm{p}}^2}\sqrt{m_{\mathrm{p}}^2 + n_{\mathrm{p}}^2 + p_{\mathrm{p}}^2}} & \dfrac{m_{\mathrm{p}}}{\sqrt{m_{\mathrm{p}}^2 + n_{\mathrm{p}}^2 + p_{\mathrm{p}}^2}} \\[3ex] \dfrac{m_{\mathrm{p}}}{\sqrt{m_{\mathrm{p}}^2 + n_{\mathrm{p}}^2}} & \dfrac{-n_{\mathrm{p}} p_{\mathrm{p}}}{\sqrt{m_{\mathrm{p}}^2 + n_{\mathrm{p}}^2}\sqrt{m_{\mathrm{p}}^2 + n_{\mathrm{p}}^2 + p_{\mathrm{p}}^2}} & \dfrac{n_{\mathrm{p}}}{\sqrt{m_{\mathrm{p}}^2 + n_{\mathrm{p}}^2 + p_{\mathrm{p}}^2}} \\[3ex] 0 & \dfrac{m_{\mathrm{p}}^2 + n_{\mathrm{p}}^2}{\sqrt{m_{\mathrm{p}}^2 + n_{\mathrm{p}}^2}\sqrt{m_{\mathrm{p}}^2 + n_{\mathrm{p}}^2 + p_{\mathrm{p}}^2}} & \dfrac{p_{\mathrm{p}}}{\sqrt{m_{\mathrm{p}}^2 + n_{\mathrm{p}}^2 + p_{\mathrm{p}}^2}} \end{bmatrix}$$

$$\boldsymbol{B}_{\omega_{\mathrm{p}}} = \boldsymbol{B}(\omega_{\mathrm{p}}) = \begin{bmatrix} \cos\omega_{\mathrm{p}}\Delta t & -\sin\omega_{\mathrm{p}}\Delta t & 0 \\ \sin\omega_{\mathrm{p}}\Delta t & \cos\omega_{\mathrm{p}}\Delta t & 0 \\ 0 & 0 & 1 \end{bmatrix}$$

简便起见,可将式(3.19)写为

$$\boldsymbol{P}^{i+1} = \boldsymbol{A}_{\mathrm{s}}^{i} \boldsymbol{B}_{\omega_{\mathrm{s}}} \boldsymbol{A}_{\mathrm{s}}^{i\mathrm{T}}(\boldsymbol{G} \boldsymbol{P}^{i} + (\boldsymbol{E} - \boldsymbol{G})\boldsymbol{O}_{\mathrm{p}} - \boldsymbol{O}_{\mathrm{s}}^{i}) + \boldsymbol{O}_{\mathrm{s}}^{i}$$

该表达式可以进一步整理为

$$\boldsymbol{P}^{i+1} = \boldsymbol{A}_{\mathrm{s}}^{i} \boldsymbol{B}_{\omega_{\mathrm{s}}} \boldsymbol{A}_{\mathrm{s}}^{i\mathrm{T}} \boldsymbol{G} \boldsymbol{P}^{i} + (\boldsymbol{E} - \boldsymbol{A}_{\mathrm{s}}^{i} \boldsymbol{B}_{\omega_{\mathrm{s}}} \boldsymbol{A}_{\mathrm{s}}^{i\mathrm{T}} \boldsymbol{G})\boldsymbol{O}_{\mathrm{p}} \tag{3.20}$$

这里,$\boldsymbol{G} = \boldsymbol{A}_{\mathrm{p}} \boldsymbol{B}_{\omega_{\mathrm{p}}} \boldsymbol{A}_{\mathrm{p}}^{\mathrm{T}}$。根据上述推导,可以重新把 $\boldsymbol{P}^{i}$ 和 $\boldsymbol{P}^{i+1}$ 在齐次坐标下的关系矩阵(式(3.18))整理为

$$\begin{bmatrix} \boldsymbol{P}^{i+1} \\ 1 \end{bmatrix} = \begin{bmatrix} \boldsymbol{A}_{\mathrm{s}}^{i} \boldsymbol{B}_{\omega_{\mathrm{s}}} \boldsymbol{A}_{\mathrm{s}}^{i\mathrm{T}} \boldsymbol{G} & (\boldsymbol{E} - \boldsymbol{A}_{\mathrm{s}}^{i} \boldsymbol{B}_{\omega_{\mathrm{s}}} \boldsymbol{A}_{\mathrm{s}}^{i\mathrm{T}} \boldsymbol{G})\boldsymbol{O}_{\mathrm{p}} \\ \boldsymbol{0} & 1 \end{bmatrix} \begin{bmatrix} \boldsymbol{P}^{i} \\ 1 \end{bmatrix} = \begin{bmatrix} \boldsymbol{R}^{i} & \boldsymbol{T}^{i} \\ \boldsymbol{0} & 1 \end{bmatrix} \begin{bmatrix} \boldsymbol{P}^{i} \\ 1 \end{bmatrix}$$

$$\tag{3.21}$$

式中,$\boldsymbol{R}^{i} = \boldsymbol{A}_{\mathrm{s}}^{i} \boldsymbol{B}_{\omega_{\mathrm{s}}} \boldsymbol{A}_{\mathrm{s}}^{i\mathrm{T}} \boldsymbol{G}$,$\boldsymbol{T}^{i} = (\boldsymbol{E} - \boldsymbol{A}_{\mathrm{s}}^{i} \boldsymbol{B}_{\omega_{\mathrm{s}}} \boldsymbol{A}_{\mathrm{s}}^{i\mathrm{T}} \boldsymbol{G})\boldsymbol{O}_{\mathrm{p}}$。容易发现,位姿矩阵 $\boldsymbol{H}$ 的 $\boldsymbol{R}^{i}$ 和 $\boldsymbol{T}^{i}$ 会随着自旋轴 $\boldsymbol{l}_{\mathrm{s}}^{i}$ 变化而变化,也就是说不同时刻下需要求解的位姿矩阵都是不同的,对于线阵式测量方式,待定参数的数量是巨大的,难以求解。为解决这个问题,下文将创新性地提出一种运动表述方式,将不同时刻的旋转矩阵 $\boldsymbol{R}^{i}$ 进行关联,可极大地减少需要求解的待定参数。

3. 空间失稳目标的自约束形式传输模型

本节将介绍一种用于空间失稳目标运动估计的运动表示方法,称为传输模型。它基于线阵激光成像雷达的成像机制和空间失稳目标的运动规律架构了其两个连续位姿矩阵之间的线性关系,能够将不同时刻的位姿矩阵逐步转换为初始位姿矩阵和传输矩阵的多项式组合,大大减少了待定参数的数量。同时,利用自约束正交矩阵来表示初始旋转矩阵和传输矩阵,进一步提高了运动估计的效率。

1) 传输模型

基于线阵激光成像雷达的成像机理,数据采集的时间间隔是有规律的,根据式(3.21),有

$$\begin{cases} \boldsymbol{R}^{i+1} = \boldsymbol{A}_s^i \boldsymbol{B}_{\omega_s} \boldsymbol{A}_s^{i\mathrm{T}} \boldsymbol{G} \\ \boldsymbol{T}^{i+1} = (\boldsymbol{E} - \boldsymbol{A}_s^i \boldsymbol{B}_{\omega_s} \boldsymbol{A}_s^{i\mathrm{T}} \boldsymbol{G}) \boldsymbol{O}_p \end{cases}$$

这里,矩阵 $\boldsymbol{A}_s^i$ 和 $\boldsymbol{A}_s^{i+1}$ 是由不同时刻的自旋轴 $\boldsymbol{l}_s^i$ 决定的,其方向也仅由自旋轴方向决定。根据式(2.3),可以建立时刻 t_i 和 t_{i+1} 下自旋轴方向 $\boldsymbol{l}_s^i$ 和 $\boldsymbol{l}_s^{i+1}$ 的关系为

$$\boldsymbol{l}_s^{i+1} = \boldsymbol{A}_p \boldsymbol{B}_{\omega_p} \boldsymbol{A}_p^{\mathrm{T}} \boldsymbol{l}_s^i \qquad (3.22)$$

由此便能得到正交矩阵 $\boldsymbol{A}_s^i$ 和 $\boldsymbol{A}_s^{i+1}$ 之间的关系表达式:

$$\boldsymbol{A}_s^{i+1} = \boldsymbol{A}_p \boldsymbol{B}_{\omega_p} \boldsymbol{A}_p^{\mathrm{T}} \boldsymbol{A}_s^i \qquad (3.23)$$

进而可以建立旋转矩阵($\boldsymbol{R}^i$ 和 $\boldsymbol{R}^{i+1}$)之间的关系表达式:

$$\boldsymbol{R}^{i+1} = \boldsymbol{A}_s^{i+1} \boldsymbol{B}_{\omega_s} (\boldsymbol{A}_s^{i+1})^{\mathrm{T}} \boldsymbol{G} = \boldsymbol{G} \boldsymbol{R}^i \boldsymbol{G}^{\mathrm{T}} \qquad (3.24)$$

最后,可以建立两个连续的位姿矩阵之间的关系:

$$\begin{cases} \boldsymbol{R}^{i+1} = \boldsymbol{G} \boldsymbol{R}^i \boldsymbol{G}^{\mathrm{T}} \\ \boldsymbol{T}^{i+1} = (\boldsymbol{E} - \boldsymbol{R}^{i+1}) \boldsymbol{O}_p \end{cases} \qquad (3.25)$$

式(3.25)就是本节所提的传输模型,$\boldsymbol{G}$ 为传输矩阵。基于此,可以逐步将不同时刻的位姿矩阵转换为初始位姿矩阵 $\boldsymbol{R}^0$ 和传输矩阵 $\boldsymbol{G}$ 的多项式组合。因此,在对空间失稳目标的运动估计中,只需计算初始旋转矩阵 $\boldsymbol{R}^0$、传输矩阵 $\boldsymbol{G}$ 和进动轴的空间位置 $\boldsymbol{O}_p$,待定参数的数量在大幅减少了。

2) 自约束形式的传输模型

根据式(3.20)和式(3.21)可知初始旋转矩阵和传输矩阵的具体形式:$\boldsymbol{R}^0 = \boldsymbol{A}_s^0 \boldsymbol{B}_{\omega_s} \boldsymbol{A}_s^{0\mathrm{T}} \boldsymbol{G}, \boldsymbol{G} = \boldsymbol{A}_p \boldsymbol{B}_{\omega_p} \boldsymbol{A}_p^{\mathrm{T}}$。根据所求目标矩阵的定义,$\boldsymbol{R}^0$ 和 $\boldsymbol{G}$ 都是正交矩阵。这两个矩阵的求解将被视为具有正交约束的优化问题。为了进一步提高运动估计的效率,利用一般的自约束正交矩阵来表示目标矩阵($\boldsymbol{R}^0$ 和 $\boldsymbol{G}$):

$$\boldsymbol{M}_s = \begin{bmatrix} \alpha^c \gamma^c - \alpha^s \beta^s \gamma^s & -\alpha^s \beta^c & -\alpha^c \gamma^s - \alpha^s \beta^s \gamma^c \\ \alpha^c \beta^s \gamma^s + \alpha^s \gamma^c & \alpha^c \beta^c & \alpha^c \beta^s \gamma^c - \alpha^s \gamma^s \\ \beta^c \gamma^s & -\beta^s & \beta^c \gamma^c \end{bmatrix} \qquad (3.26)$$

这里,$\alpha^c = \cos\alpha, \alpha^s = \sin\alpha, \beta^c = \cos\beta, \beta^s = \sin\beta, \gamma^c = \cos\gamma, \gamma^s = \sin\gamma$,待定参

数为 α, β, γ。采用该自约束形式来表示目标正交矩阵($\boldsymbol{R}^0$ 和 $\boldsymbol{G}$)不仅可以自动限定待定参数($\alpha_{\boldsymbol{R}^0}$, $\beta_{\boldsymbol{R}^0}$, $\gamma_{\boldsymbol{R}^0}$, $\alpha_{\boldsymbol{G}}$, $\beta_{\boldsymbol{G}}$, $\gamma_{\boldsymbol{G}}$)的范围,也可将该正交约束的非线性求解转化为自约束的优化问题。

综上,通过建立的自约束形式的传输模型,将空间失稳目标的运动估计问题转化为正交矩阵多项式组合形式的自约束优化问题。为了进一步提高运动估计的精度和稳健性,根据最优解的存在唯一性,下文采用了一种优化求解策略,通过不断地增加使用点云的数量,计算两次最优解的相似性(类似 3.2 节的异帧相似判别原则),直至给出得到满足精度要求的唯一解。

3.3.2 传输模型表述下基于特征点轨迹的运动估计

1. 传输模型表述下运动估计的求解系统

3.3.1 节给出了传输模型表述下的空间失稳目标运动模型(式(3.25)),空间失稳目标的运动估计问题由此能够转化为自约束形式正交矩阵的无约束优化求解问题,即($\alpha_{\boldsymbol{R}^0}$, $\beta_{\boldsymbol{R}^0}$, $\gamma_{\boldsymbol{R}^0}$, $\alpha_{\boldsymbol{G}}$, $\beta_{\boldsymbol{G}}$, $\gamma_{\boldsymbol{G}}$, x_{p}, y_{p}, z_{p})的 9 个参数的无约束多项式求解问题。根据传输模型(式(3.25)),可以将 $\boldsymbol{P}^i$ 和 $\boldsymbol{P}^{i+1}$ 的关系展开为

$$\begin{cases} \boldsymbol{P}^{i+1} = \boldsymbol{M}_{\boldsymbol{R}^i} \boldsymbol{P}^i + \boldsymbol{T}^i \\ \boldsymbol{M}_{\boldsymbol{R}^i} = \underbrace{\boldsymbol{M}_{\boldsymbol{G}}}_{1} \underbrace{\boldsymbol{M}_{\boldsymbol{G}}}_{2} \cdots \underbrace{\boldsymbol{M}_{\boldsymbol{G}}}_{i} \underbrace{\boldsymbol{M}_{\boldsymbol{G}}^{\mathrm{T}}}_{1} \underbrace{\boldsymbol{M}_{\boldsymbol{G}}^{\mathrm{T}}}_{2} \cdots \underbrace{\boldsymbol{M}_{\boldsymbol{G}}^{\mathrm{T}}}_{i} \\ \boldsymbol{T}^i = (\boldsymbol{E} - \boldsymbol{M}_{\boldsymbol{R}^i}) \boldsymbol{O}_{\mathrm{p}} \end{cases} \quad (3.27)$$

其中,

$$\boldsymbol{M}_{\boldsymbol{R}^0} = \begin{bmatrix} \alpha_{\boldsymbol{R}^0}^{\mathrm{c}} \gamma_{\boldsymbol{R}^0}^{\mathrm{c}} - \alpha_{\boldsymbol{R}^0}^{\mathrm{s}} \beta_{\boldsymbol{R}^0}^{\mathrm{s}} \gamma_{\boldsymbol{R}^0}^{\mathrm{s}} & -\alpha_{\boldsymbol{R}^0}^{\mathrm{s}} \beta_{\boldsymbol{R}^0}^{\mathrm{c}} & -\alpha_{\boldsymbol{R}^0}^{\mathrm{c}} \gamma_{\boldsymbol{R}^0}^{\mathrm{s}} - \alpha_{\boldsymbol{R}^0}^{\mathrm{s}} \beta_{\boldsymbol{R}^0}^{\mathrm{s}} \gamma_{\boldsymbol{R}^0}^{\mathrm{c}} \\ \alpha_{\boldsymbol{R}^0}^{\mathrm{c}} \beta_{\boldsymbol{R}^0}^{\mathrm{s}} \gamma_{\boldsymbol{R}^0}^{\mathrm{s}} + \alpha_{\boldsymbol{R}^0}^{\mathrm{s}} \gamma_{\boldsymbol{R}^0}^{\mathrm{c}} & \alpha_{\boldsymbol{R}^0}^{\mathrm{c}} \beta_{\boldsymbol{R}^0}^{\mathrm{c}} & \alpha_{\boldsymbol{R}^0}^{\mathrm{c}} \beta_{\boldsymbol{R}^0}^{\mathrm{s}} \gamma_{\boldsymbol{R}^0}^{\mathrm{c}} - \alpha_{\boldsymbol{R}^0}^{\mathrm{s}} \gamma_{\boldsymbol{R}^0}^{\mathrm{s}} \\ \beta_{\boldsymbol{R}^0}^{\mathrm{c}} \gamma_{\boldsymbol{R}^0}^{\mathrm{s}} & -\beta_{\boldsymbol{R}^0}^{\mathrm{s}} & \beta_{\boldsymbol{R}^0}^{\mathrm{c}} \gamma_{\boldsymbol{R}^0}^{\mathrm{c}} \end{bmatrix}$$

$$\boldsymbol{M}_{\boldsymbol{G}} = \begin{bmatrix} \alpha_{\boldsymbol{G}}^{\mathrm{c}} \gamma_{\boldsymbol{G}}^{\mathrm{c}} - \alpha_{\boldsymbol{G}}^{\mathrm{s}} \beta_{\boldsymbol{G}}^{\mathrm{s}} \gamma_{\boldsymbol{G}}^{\mathrm{s}} & -\alpha_{\boldsymbol{G}}^{\mathrm{s}} \beta_{\boldsymbol{G}}^{\mathrm{c}} & -\alpha_{\boldsymbol{G}}^{\mathrm{c}} \gamma_{\boldsymbol{G}}^{\mathrm{s}} - \alpha_{\boldsymbol{G}}^{\mathrm{s}} \beta_{\boldsymbol{G}}^{\mathrm{s}} \gamma_{\boldsymbol{G}}^{\mathrm{c}} \\ \alpha_{\boldsymbol{G}}^{\mathrm{c}} \beta_{\boldsymbol{G}}^{\mathrm{s}} \gamma_{\boldsymbol{G}}^{\mathrm{s}} + \alpha_{\boldsymbol{G}}^{\mathrm{s}} \gamma_{\boldsymbol{G}}^{\mathrm{c}} & \alpha_{\boldsymbol{G}}^{\mathrm{c}} \beta_{\boldsymbol{G}}^{\mathrm{c}} & \alpha_{\boldsymbol{G}}^{\mathrm{c}} \beta_{\boldsymbol{G}}^{\mathrm{s}} \gamma_{\boldsymbol{G}}^{\mathrm{c}} - \alpha_{\boldsymbol{G}}^{\mathrm{s}} \gamma_{\boldsymbol{G}}^{\mathrm{s}} \\ \beta_{\boldsymbol{G}}^{\mathrm{c}} \gamma_{\boldsymbol{G}}^{\mathrm{s}} & -\beta_{\boldsymbol{G}}^{\mathrm{s}} & \beta_{\boldsymbol{G}}^{\mathrm{c}} \gamma_{\boldsymbol{G}}^{\mathrm{c}} \end{bmatrix}$$

这里,$\boldsymbol{M}_{\boldsymbol{R}^i}$ 是第 i 个中间矩阵。理论上,只需以等时间间隔捕获 4 个连续的点云即可计算这 9 个待定参数。为了避免该高次多项式求解系统(式(3.27))获得局部最优解,通常采用更多的点云数量建立超定方程组,对这些待定参

数进行数值求解,求解系统为

$$\min \sum_{i>4} \parallel \boldsymbol{P}_{i+1} - f(\boldsymbol{P}_i, \alpha_{\boldsymbol{R}^0}, \beta_{\boldsymbol{R}^0}, \gamma_{\boldsymbol{R}^0}, \alpha_{\boldsymbol{G}}, \beta_{\boldsymbol{G}}, \gamma_{\boldsymbol{G}}, x_p, y_p, z_p) \parallel^2$$

(3.28)

同时,本节还统计了为满足求解精度(3.3.2 节的自适应求解策略)在不同的运动状态下所使用的点云的帧数情况,如图 3.16 所示。

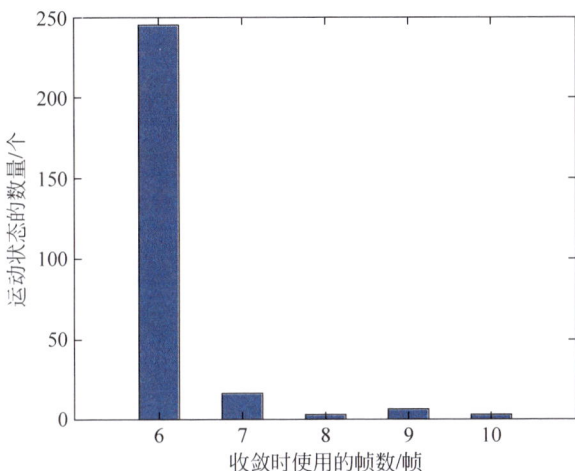

图 3.16　自适应求解策略下使用点云帧数的统计直方图

大部分情况下使用少于 7 帧的点云能够达到收敛结果

2. 传输模型表述下运动估计的求解策略

即使采用超定方程组结构的求解系统(式(3.28))对传输模型表述下的运动模型(式(3.25))进行数值求解,也无法在固定点云数量下保证运动参数非线性求解的准确性,如图 3.17 所示。

为抑制非线性求解固有的不稳定性,笔者根据本问题真实解的存在唯一性提出了一种自适应求解策略,从使用 5 帧点云开始,逐步增加使用点云的帧数,直到两次求解的精度小于或等于给定的精度。

设当且仅当

$$\parallel X_1^* - X_2^* \parallel < \varepsilon$$

(3.29)

时,$X_1^* = (\alpha_{\boldsymbol{R}^0}^1, \beta_{\boldsymbol{R}^0}^1, \gamma_{\boldsymbol{R}^0}^1, \alpha_{\boldsymbol{G}}^1, \beta_{\boldsymbol{G}}^1, \gamma_{\boldsymbol{G}}^1, \boldsymbol{O}_p^1)$ 和 $X_2^* = (\alpha_{\boldsymbol{R}^0}^2, \beta_{\boldsymbol{R}^0}^2, \gamma_{\boldsymbol{R}^0}^2, \alpha_{\boldsymbol{G}}^2, \beta_{\boldsymbol{G}}^2, \gamma_{\boldsymbol{G}}^2, \boldsymbol{O}_p^2)$ 分别为在相同的初始值及使用不同点云数量条件下获得的两个解。这里,ε 为给定阈值,取 $\varepsilon = 10^{-3}$,判定为自适应策略求解成功;否则,

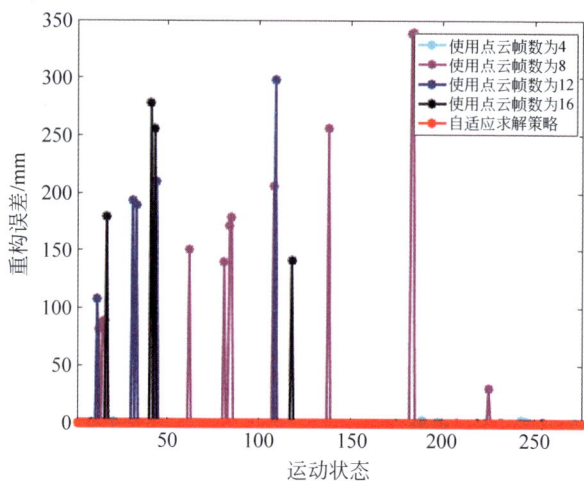

图 3.17　在不同点云数量下重构误差的实验比较结果

红色星线表示采用自适应求解策略方法得出的结果,其他星线分别表示采用固定点云
帧数的方法得出的实验结果。

判定为求解不成功,并不断增加点云的帧数直至求解成功。

　　从图 3.17 容易看出,该自适应求解策略极大地抑制了非线性求解中的不稳定因素,能够保证本方法运动估计的准确性和鲁棒性。同时,从图 3.16 的统计直方图可以看出,在大多数情况下,使用少于 7 帧的点云就可以得到运动估计的收敛结果。

3.3.3　传输模型表述下运动估计的实验结果

　　本节根据实际研究背景,对空间失稳目标进行了一系列实验,以评估传输模型表述下运动估计方法在不同运动状态(进动角速率 3~14°/s,自旋角速率为 15~37°/s)下的实验结果。此处实验均使用在 64 位 Windows 10 系统、Intel(R) Core(TM) I7-7500U CPU@2.70 GHz 处理器及 16 GB 内存的硬件条件下采用应用程序 MATLAB 完成。值得说明的是,考虑到涉密问题,所有实验数据都是模拟的。实验源数据来自上海宇航系统工程研究院,是采用尼康激光扫描仪获取的卫星模型的三维点云。实验目标 1(某卫星模型 A)的尺寸为 14400mm×4800mm×4400mm,实验目标 2(某卫星模型 B)的尺寸为 6500mm×2500mm×6000mm。

1. 运动估计的初值敏感性分析

　　上文利用提出的自约束形式的传输模型(式(3.25)和式(3.26)),将空

间失稳目标的运动估计转换为正交矩阵多项式系统的无约束求解。该求解
系统为以初始旋转矩阵 $\boldsymbol{R}^0$、传输矩阵 $\boldsymbol{G}$ 和进动轴的空间位置 $\boldsymbol{O}_p$ 为待定参
量的高次多项式系统。在大多数情况下，这类高次多项式方程的求解过程
总是与初值有关。然而，为了获得唯一的全局最优解，设计了一种自适应求
解策略(3.3.2 节)，它通过在相同的初值下不断增加点云帧数极大地降低
了求解的不确定性。为验证该求解策略对初值的选取是否敏感，进行了以
下实验。在该实验中，分别将初值设置为零向量、随机向量和由 LGME[58]
方法求得的运动参数向量，比较了不同初值情况下点云的重构误差和运行
时间，如图 3.18 所示。

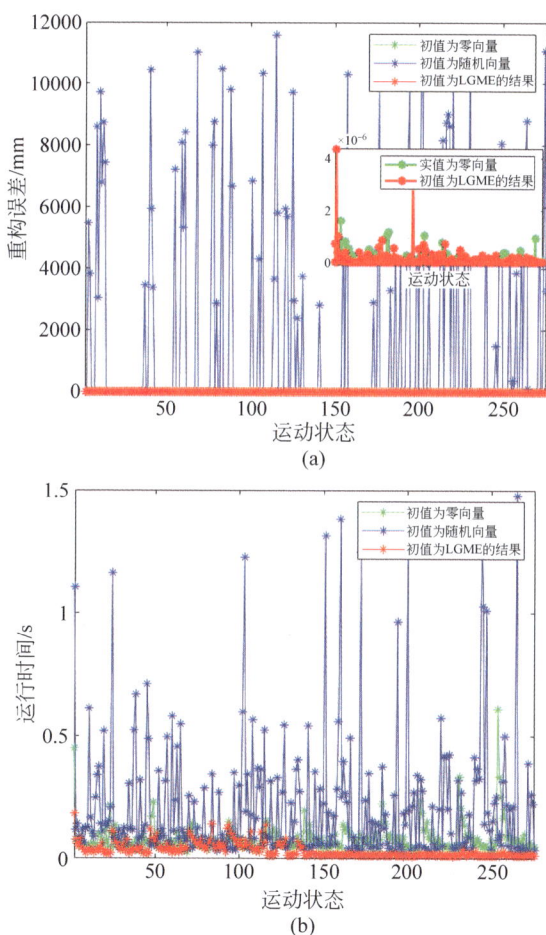

图 3.18　不同初值下重构误差和运行时间的实验比较结果

（a）重构误差；（b）运行时间

如图 3.18 所示,采用零向量和由 LGME[58] 方法求得的运动参数向量为初值的方法在重建误差($<10^{-5}$mm)和运行时间(<0.5s)上都优于采用随机向量为初值的情况。同时,容易发现当使用由 LGME[58] 求得的运动参数向量为初值时,所提出的方法可以获得最佳实验结果。因此,在后续实验中默认设置初值为由 LGME[58] 求得的运动参数向量。

2. 运动估计的有效性分析

在单载荷的线阵测量系统下对空间失稳目标进行运动估计的研究目标仍不多。李荣华等[27]仅在该类测量系统下使用 RPM 方法对空间失稳目标的自旋运动进行估计。孙日明等[58]采用 LGME 方法给出了自旋运动和进动运动的全部运动参数。因此,将这里提出的方法(传输模型表述下的运动估计)与 RPM 方法、LGME 方法在不同运动状态下运动参数估计误差和重构误差方面进行比较,结果如图 3.19 所示。

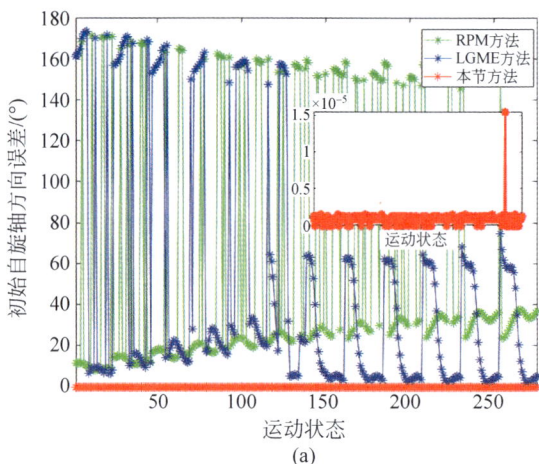

(a)

图 3.19   本节方法与 RPM[27] 方法、LGME[58] 方法在不同运动状态下运动参数估计误差和重构误差实验的比较结果

初始自旋轴(a)、自旋角速率(b)、进动轴(c)、进动角速率(d)和进动轴空间位置(e)的估计误差比较结果,(f)3 种方法对重构误差的实验比较结果

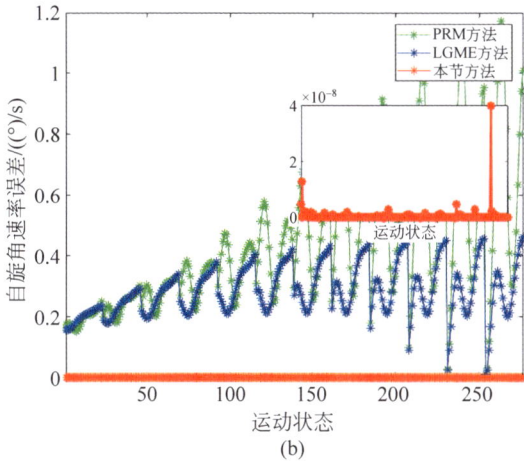

(b)

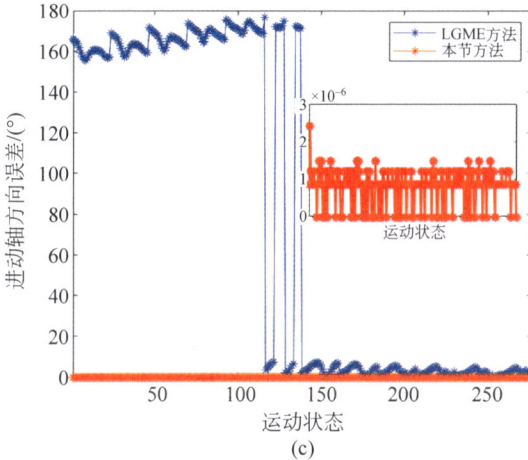

(c)

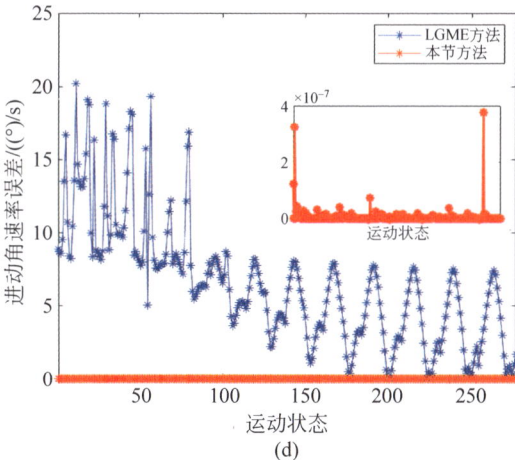

(d)

图 3.19 （续）

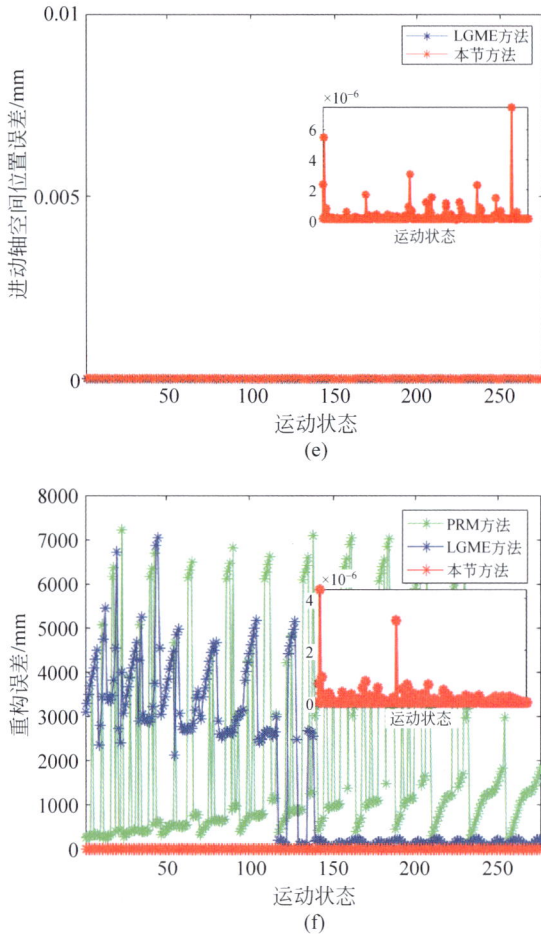

(e)

(f)

图 3.19 （续）

由图 3.19 可以看到，由于 RPM 方法在运动估计时不考虑帧内运动差异，该方法在大多情况下对运动参数的估计误差较大，这也导致了其重构效果不佳。另外，由于 LGME 方法具有条件稳定性（使用帧数需满足自旋轴绕进动轴一周），使用 LGME 方法的运动估计误差并不是可控的，其重构的质量也不总是理想的。图 3.19(a)～(f)表明，本节方法在实际应用背景下均能达到高精度的运动估计效果（运动参数的估算误差不超过 10^{-5}）和重构效果（重构误差不超过 10^{-5}）。此外，还分析了本节方法的执行时间效率，如图 3.20 所示。

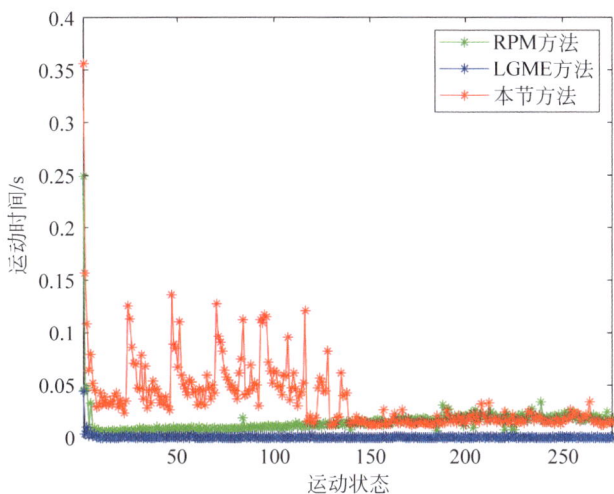

图 3.20 本节方法（传输模型表述下运动估计方法）与 RPM[27] 方法、LGME[58] 方法在不同运动状态下运行时间的实验比较结果

从图 3.20 可以看出，本节方法在最多 0.5s 内均能够实现上述高精度的运动估计，该运动估计方法能够应用于实际场景。

3.3.4 传输模型表述下线阵成像畸变矫正的实验结果

在线阵测量系统下，每一时刻只能获取测量目标的一组线信息。对于位姿一直处于变化状态的动态目标，直接组合这些线信息并不能获得测量目标真实的三维形貌。当根据畸变点云序列蕴含的运动信息，获得了测量目标的运动参数时，可以根据这些运动参数，对畸变的点云序列进行畸变矫正，得到动态目标真实的三维形貌。因此，本节分析了所提方法对畸变点云重构情况的影响。

与 3.1.4 节类似，这里也采用归一法，将其他时刻获取的线阵信息根据估算的运动参数归一化到同一时刻，即基准时刻 T，得出基准时刻 T 下的空间失稳目标的三维位姿。不失一般性，这里设初始采集时刻 t_0 为基准时刻 T，以点云在基准时刻与真实点云模型对比评价不同方法（RPM[27] 方法、LGME[58] 方法和本节方法）的重构效果，如图 3.21 所示。

图 3.21 的第 1 列是获取的畸变点云数据，第 2 列～第 4 列分别是 RPM 方法、LGME 方法和本节方法的点云重构效果，最后一列是这两个空间目标的真实三维形貌。容易看出，本节方法实现了与真实点云几乎一样的重构效果，同时也说明了本节方法对运动估计的准确性。

某卫星模型A

| 某卫星模型B | RPM方法 | LGME方法 | 本节方法 | 真实值 |

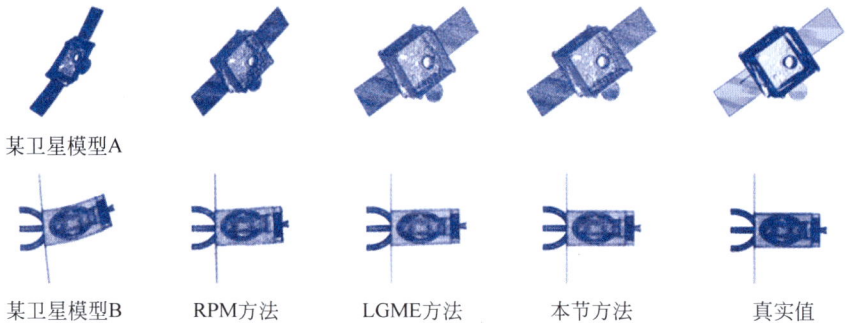

图 3.21　本节方法与 RPM[27] 方法、LGME[58] 方法在指定运动状态下成像畸变矫正效果的实验比较结果

第一行是卫星 A 在初始自旋轴 $l_s^0 = (0.2507, 0.0787, 0.9649)$、自旋角速率 $\omega_s = 37°/s$，进动轴 $l_p = (0.2355, 0.3500, 0.9067)$，进动角速率 $\omega_p = 14°/s$，空间位置 $O_p = (0,0,0)^T$ 运动状态下的捕获数据及各方法的畸变矫正结果；第二行是卫星 B 在初始自旋轴 $l_s^0 = (0.0242, 0.0152, 0.9996)$，自旋角速率 $\omega_s = 37°/s$，进动轴 $l_p = (0.0221, 0.4088, 0.9124)$，进动角速率 $\omega_p = 14°/s$，空间位置 $O_p = (0,0,0)^T$ 运动状态下的捕获数据及各方法的畸变矫正结果

3.3.5　小结

　　本节创新性地提出了一种新的运动表述(传输模型)用于空间失稳目标的运动估计。该传输模型能够对两个连续的位姿矩阵建立线性关系，逐步将不同时刻的位姿矩阵转换为初始位姿矩阵和传输矩阵的多项式组合形式，极大地减少了待定参数。此外，本章还设计了一种自适应求解策略来获得以自约束正交矩阵为变量的高次多项式系统的全局最优解。实验结果表明，对于实际应用场景的各种运动状态，本节方法(传输矩阵表述下的运动估计方法)最多需要 10 帧连续点云就能在 0.5s 内实现高精度的运动估计和重构。这些结果充分说明该运动表述在没有运动状态先验信息的情况下也具有有效性和鲁棒性。

　　值得说明的是，该方法也存在一些限制。因其基于特征点轨迹的运动估计方法，当特征点轨迹受噪声的影响提取得不准确或缺失时，本节方法对运动估计的准确性便会受到影响，这也是第 4 章要解决的问题。

第4章 基于三维整体点云序列的空间失稳目标运动估计

基于特征点轨迹的运动估计[59-64]通常将空间目标的关键几何组件(如三角形支架和太阳能电池板)作为显著特征进行识别和测量。不过,这类方法有两个明显的局限性。首先,它需要根据空间目标的具体形状指定特定的特征点,因此这种运动估计方法一般不具备普适性,因为特征提取方法无法适用于所有形态各异的测量目标。其次,由于测量系统不可避免地存在自遮挡现象,指定的特征点可能在点云帧中不可观测,从而导致特征点轨迹不完整。再加上测量噪声的存在和特征点提取可能存在的位置不准确,都会使运动估计的效果低于预期。

为了解决上述问题,本章提出了基于三维整体点云序列的空间失稳目标运动估计方法。该类方法不需要提取特征点,因此不受测量目标三维形貌的限制。具体地,基于三维整体点云序列的运动估计总是通过点云配准方法对等时间间隔下获取的连续两帧点云进行配准,从而估计动态目标的运动参数。由于本书研究的是在线阵测量系统下对空间失稳目标进行运动估计,获取的点云序列不仅存在帧间运动差异也存在帧内运动差异,这两个尺度下的运动差异极大地增加了运动估计的难度。为了解决这个问题,本章提出了一个用于空间失稳目标的分层运动表示框架,通过在不同层次采用两种不同运动表述实现了线阵测量下空间失稳目标的高精度运动估计。

首先,引入 3.3 节的传输模型,在正交矩阵表述下逐步根据等时间间隔内捕获的连续点云的运动差异推导包括自旋运动和进动运动在内的所有运动参数。其次,在运动物理参数的表述下,引入迭代收敛策略迭代求解,以使点云序列间的最短距离的运动参数最小化,该策略能够抵消帧内的运动差异和点云序列间的细微形状差异对运动估计的影响。实验结果表明,本书方法(基于三维整体点云序列的运动估计方法)在实际的应用场景下能达到很高的估计精度,在大多数情况下,使用连续 13 帧的点云数据能达到小于 10^{-2} 数量级的估计误差,流程框架如图 4.1 所示。

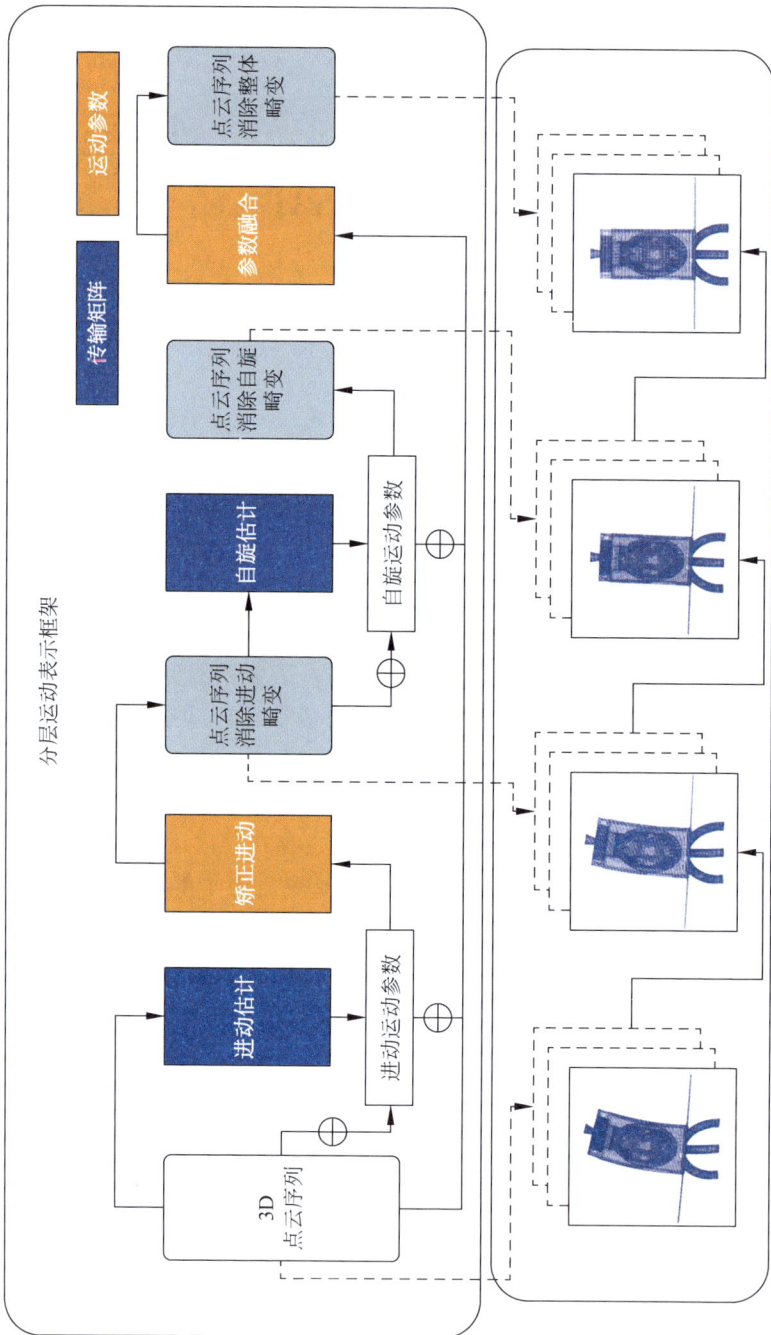

图 4.1　基于三维整体点云序列的运动估计方法的框架图

4.1　基于三维整体点云模型的运动模型

空间失稳目标通常以自旋、进动和章动的复合运动状态存在。针对本书的研究背景,章动可忽略不计,这里仅考虑自旋和进动,即估计初始自旋轴 l_s^0、自旋角速率 ω_s、进动轴 l_p、进动角速率 ω_p,进动轴空间位置 O_p 这些运动参数。在线阵测量系统下,每一时刻仅能获取测量目标的一组线信息。如果直接根据所求的运动参数建立非线性求解系统,该系统必将是复杂且难以准确求解的。这里,引入 3.3 节提出的传输模型,以一帧点云作为一个独立个体(先忽略帧内运动差异),在正交矩阵运动表述形式下进行运动估计(包括自旋运动和进动运动),降低运动估计的复杂度。传输模型的相关内容可参考 3.3.1 节,此处不再重复。

4.2　基于三维整体点云模型的运动估计

本节将详细介绍一种渐进式运动估计机制,该机制解决了单载荷线阵测量系统下空间失稳目标的运动估计问题。首先,在正交矩阵下设计了一个高效的运动估计框架,逐步推导与传输模型中的自旋和进动相关的运动参数。其次,在运动物理参数表述下基于统计方法设计了一种迭代收敛方案,能够极大地减小两个尺度运动差异和自遮挡现象对运动估计的影响,方法流程图如图 4.2 所示。

4.2.1　渐进式运动估计机制

本节将介绍提出的渐进式运动估计机制。该机制引入传输模型,根据点云序列的帧间运动差异逐步地求解包括初始自旋轴 l_s^0、自旋角速率 ω_s、进动轴 l_p、进动角速率 ω_p,进动轴空间位置 O_p 在内的所有运动参数的初始值。本节包括 3 个部分,分别是进动运动估计、点云序列的进动矫正和自旋运动估计。

1. 进动运动估计

与 3.3 节类似,此处把每一帧点云 M^i 当作一个独立的个体,根据点云序列 $\{M^i\}_{i=1}^n$ 求得传输矩阵 G。

具体地,利用经典的 ICP 方法[65]计算连续两帧点云(M^i 和 M^{i+1})之

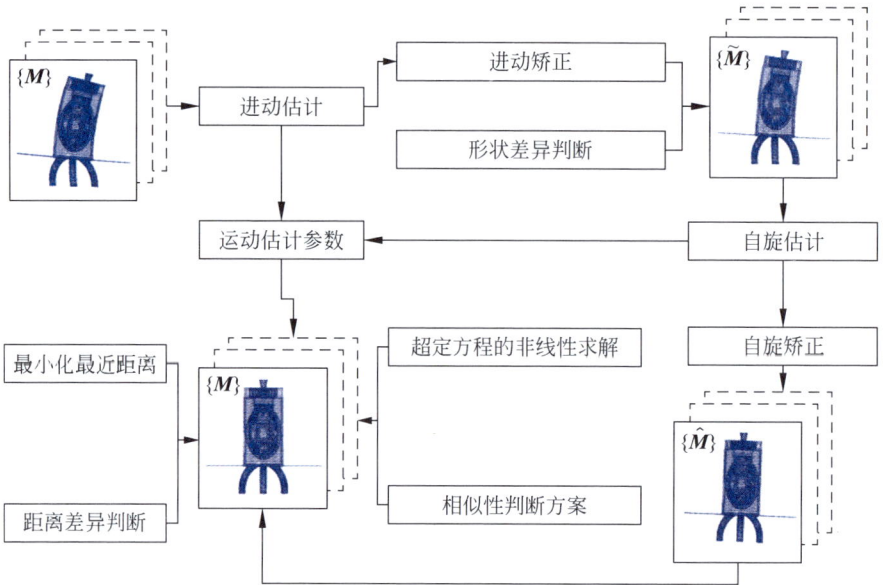

图 4.2   本章方法（基于三维整体点云序列的运动估计方法）流程图

间的正交旋转矩阵 $\boldsymbol{R}^i$ 和平移向量 $\boldsymbol{T}^i$。该过程可以表述为

$$(\boldsymbol{R}^i, \boldsymbol{T}^i) = \underset{1 \leqslant i \leqslant n}{\operatorname{argmin}} \parallel \boldsymbol{P}^{i+1} - \boldsymbol{R}^i \boldsymbol{P}^i - \boldsymbol{T}^i \parallel_2^2 \tag{4.1}$$

这里，$\boldsymbol{R}^i$ 为 3×3 的旋转矩阵，是一个实系数正交矩阵。$\boldsymbol{T}^i$ 为 3×1 的平移向量。对每对连续的点云（M^i 和 M^{i+1}）进行该过程，能够得到一个正交旋转矩阵序列 $\{\boldsymbol{R}^i\}_{i=1}^{n-1}$ 和平移向量序列 $\{\boldsymbol{T}^i\}_{i=1}^{n-1}$。

采用信任域法（trust region algorithm，TRA）[49]，根据传输模型（3.25），利用得到正交旋转矩阵序列 $\{\boldsymbol{R}^i\}_{i=1}^{n-1}$ 估算传输矩阵 $\boldsymbol{G}$。为了提高计算效率，利用自约束正交矩阵来表示传输矩阵 $\boldsymbol{G}$，从而将其转换为一个无约束优化问题：

$$\boldsymbol{G} = \underset{1 \leqslant i \leqslant n-2}{\operatorname{argmin}} \parallel \boldsymbol{G}\boldsymbol{R}^i - \boldsymbol{R}^{i+1}\boldsymbol{G} \parallel_2^2 \tag{4.2}$$

其中，

$$\boldsymbol{G} = \begin{pmatrix} \cos\alpha\cos\gamma - \sin\alpha\sin\beta\sin\gamma & -\sin\alpha\cos\beta & -\cos\alpha\sin\gamma - \sin\alpha\sin\beta\cos\gamma \\ \cos\alpha\sin\beta\sin\gamma + \sin\alpha\cos\gamma & \cos\alpha\cos\beta & \cos\alpha\sin\beta\cos\gamma - \sin\alpha\sin\gamma \\ \cos\beta\sin\gamma & -\sin\beta & \cos\beta\cos\gamma \end{pmatrix}$$

在得到传输矩阵 $\boldsymbol{G}$ 之后，就可以计算传输矩阵 $\boldsymbol{G}$ 对应的进动轴 $\boldsymbol{l}_p$ 和进动角速率 ω_p：

$$l_p = \frac{1}{2\sin\omega_p}(\boldsymbol{G}(3,2) - \boldsymbol{G}(2,3), \boldsymbol{G}(1,3) - \boldsymbol{G}(3,1), \boldsymbol{G}(2,1) - \boldsymbol{G}(1,2))$$

$$(4.3)$$

$$\omega_p = \arccos\frac{\operatorname{tr}(\boldsymbol{G}) - 1}{2} \tag{4.4}$$

这里，$\operatorname{tr}(\boldsymbol{G})$ 表示传输矩阵 $\boldsymbol{G}$ 的迹。

类似地，根据计算出的旋转正交矩阵序列 $\{\boldsymbol{R}^i\}_{i=1}^{n-1}$ 和平移向量序列 $\{\boldsymbol{T}^i\}_{i=1}^{n-1}$，就能够估算进动轴的空间位置 $\boldsymbol{O}_p$。此处根据传输模型设计了另一个优化问题，并再次应用信任域法[49]来确定位置 $\boldsymbol{O}_p$。该过程如下：

$$\boldsymbol{O}_p = \underset{1 \leqslant i \leqslant n-1}{\arg\min} \| \boldsymbol{T}^i - (\boldsymbol{E} - \boldsymbol{R}^i)\boldsymbol{O}_p \|_2^2 \tag{4.5}$$

综上，通过解决两个优化问题（式(4.2)和式(4.5)），可以获得进动运动的运动参数，包括进动轴 l_p、进动角速率 ω_p、进动轴空间位置 $\boldsymbol{O}_p$。

2. 点云序列的进动矫正

为了精确估算自旋运动的运动参数，本节根据估算的进动运动参数对点云序列中由进动导致的运动畸变进行矫正，从而使点云序列中仅存在由自旋运动导致的运动畸变。该矫正过程类似于前述(3.1.4 节)的线阵图像的畸变矫正过程。具体地，将不同时刻获取的点云数据归一化到同一时刻下，即基准时刻 T，得到矫正进动畸变的点云序列。不失一般性，这里设初始采集时刻 t_0 为基准时刻 T，根据在 4.2.1 节估计的进动轴 l_p、进动角速率 ω_p，进动轴空间位置 $\boldsymbol{O}_p$ 对原始点云序列进行进动畸变矫正。

对于不同时刻获取的点云序列 $\{\boldsymbol{M}^i\}_{i=1}^{n}$，按列($j=1,2,\cdots$)将点云进行更新，该更新过程可以简洁地表示为

$$\widetilde{\boldsymbol{P}}_j^i = \boldsymbol{A}_p \boldsymbol{B}(-\mathrm{i}\omega_p)\boldsymbol{A}_p^{\mathrm{T}}\boldsymbol{P}_j^i + \boldsymbol{O}_p \tag{4.6}$$

这里，$\widetilde{\boldsymbol{P}}_j^i$ 的为第 i 帧点云 $\boldsymbol{M}^i$ 的第 j 列点云数据 $\boldsymbol{P}_j^i$ 的更新位置，$\boldsymbol{A}_p$ 和 $\boldsymbol{B}(-\mathrm{i}\omega_p)$ 的定义详见式(3.19)。当对每个点云 $\boldsymbol{M}^i$ 的每一列都进行该更新后，就能够得到一个矫正了进动畸变的新的点云序列 $\{\widetilde{\boldsymbol{M}}^i\}_{i=1}^{n}$。

3. 自旋运动估计

理论上，在纠正了点云序列中由进动运动导致的畸变后，就可以利用更新的点云序列 $\{\widetilde{\boldsymbol{M}}^i\}_{i=1}^{n}$ 中的任意两个连续帧来确定空间失稳目标的自旋

运动参数。然而,由于在进动估计中将每一帧点云 $\boldsymbol{M}^i$ 当作一个独立的个体,忽略了帧内运动差异,进动估计必然存在误差。同时,由于拍摄角度的不同,点云序列必然存在自遮挡现象。这些因素使得进动运动参数并不准确,因此也不可能把原始点云序列 $\{\boldsymbol{M}^i\}_{i=1}^n$ 中存在的所有进动畸变全部矫正。

在当前情况下,为了提高自旋运动估计的准确性,采用统计方法来估计自旋运动参数。首先,遍历更新的点云序列 $\{\widetilde{\boldsymbol{M}}^i\}_{i=1}^n$ 以识别满足配准标准的相邻点云对。其次,计算满足配准要求的点云对之间的正交旋转矩阵,以获得自旋运动参数。具体地,指定一个恒定的差异率 k(设置为 0.3)来启动该过程。通过分析相邻点云对($\widetilde{\boldsymbol{M}}^i$ 和 $\widetilde{\boldsymbol{M}}^{i+1}$)之间的形状变化 Δc_i,确定了符合配准标准的相邻点云对:

$$\Delta c_i \leqslant E(\{\Delta c_i\}) + k\sigma(\{\Delta c_i\}) \tag{4.7}$$

其中,$\Delta c_i = |\mathrm{count}(\widetilde{\boldsymbol{M}}^i) - \mathrm{count}(\widetilde{\boldsymbol{M}}^{i+1})|$,$\mathrm{count}(\cdot)$ 是点云个数的计数函数。$E(\cdot)$ 和 $\sigma(\cdot)$ 分别表示对点云序列进行均值运算和标准差运算。

当找到满足配准要求的点云对($\widetilde{\boldsymbol{M}}^i$ 和 $\widetilde{\boldsymbol{M}}^{i+1}$)后,仍然采用经典的 ICP 方法[65]计算该相邻点云对之间的正交旋转矩阵 $\widetilde{\boldsymbol{R}}^i$。该过程与式(4.1)相似,不再赘述。通过遍历所有更新点云序列 $\{\widetilde{\boldsymbol{M}}^i\}_{i=1}^n$,可以得出另一个自旋旋转矩阵序列 $\{\widetilde{\boldsymbol{R}}^i\}_{i=1}^m$,$m$ 是满足配准标准的点云数量。

为了进一步降低由自遮挡现象引起的点云形状差异对运动估计的影响,设计了一个优化方法,旨在更加准确地获得初始采集时刻 t_0 对应的正交自旋旋转矩阵 $\boldsymbol{R}_s^0$。针对获得的自旋旋转矩阵序列 $\{\widetilde{\boldsymbol{R}}^i\}_{i=1}^m$,有

$$\boldsymbol{R}_s^0 = \underset{1 \leqslant i \leqslant m}{\mathrm{argmin}} \| \boldsymbol{R}_s^0 - \widetilde{\boldsymbol{R}}^i \|_2^2 \tag{4.8}$$

其中,m 是满足配准标准的点云数量。当得到初始采集时刻所对应的正交自旋旋转矩阵 $\boldsymbol{R}_s^0$ 后,将根据式(4.3)和式(4.4)计算初始自旋轴 l_s^0、自旋角速率 ω_s:

$$l_s^0 = \frac{1}{2\sin\omega_s}(\boldsymbol{R}_s^0(3,2) - \boldsymbol{R}_s^0(2,3), \boldsymbol{R}_s^0(1,3) - \boldsymbol{R}_s^0(3,1), \boldsymbol{R}_s^0(2,1) - \boldsymbol{R}_s^0(1,2))$$

$$\omega_s = \arccos\frac{\mathrm{tr}(\boldsymbol{R}_s^0) - 1}{2}$$

此时,类似于 4.2.1 节,可以继续对更新的点云序列 $\{\widetilde{\boldsymbol{M}}^i\}_{i=1}^n$ 进行修

正,获得再一次更新的点云序列 $\{\widehat{\boldsymbol{M}}^i\}_{i=1}^n$。该更新的点云序列中几乎消除了进动运动和自旋运动导致的畸变。

4.2.2　运动物理参数表述下的迭代收敛方案

　　为了实现高精度的自旋运动和进动运动的运动估计,本节进一步在运动物理参数的表述下设计了迭代收敛方案。该方案类似于 ICP 方法[65],通过使点云序列间最近距离最小,对运动物理参数(初始自旋轴 $\boldsymbol{l}_s^0$,自旋角速率 ω_s,进动轴 $\boldsymbol{l}_p$,进动角速率 ω_p,进动轴空间位置 $\boldsymbol{O}_p$)进行迭代收敛求解。

1. 基于统计的优化方案

　　从理论上讲,如果在 4.2.1 节的渐进运动估计机制下获得的是完全正确的运动参数($\boldsymbol{l}_s^0$,ω_s,$\boldsymbol{l}_p$,ω_p,$\boldsymbol{O}_p$),那么在不考虑噪声因素的影响下,经过自旋矫正和进动矫正后的点云序列 $\{\widehat{\boldsymbol{M}}^i\}_{i=1}^n$ 之间是能够完全重合的,因为测量的是唯一的空间目标。换句话说,运动参数估计得越准确,这些点云间的重合越明显,因此,设计了一个旨在最小化点云序列间最短距离的优化策略,该策略可以表示为

$$(\boldsymbol{l}_s^0,\omega_s,\boldsymbol{l}_p,\omega_p,\boldsymbol{O}_p)=\operatorname*{argmin}\sum_{i=1}^{n-1}\sum_{j=1}^{\operatorname{count}(\widehat{\boldsymbol{M}}^i)}\hat{d}_j^i \tag{4.9}$$

这里,

$$\hat{d}_j^i=\min_{\widehat{\boldsymbol{P}}_k^{i+1}\in\widehat{\boldsymbol{M}}^{i+1}}\parallel\widehat{\boldsymbol{P}}_j^i-\widehat{\boldsymbol{P}}_k^{i+1}\parallel_2^2$$

　　容易知道,自遮挡现象不可避免,点云序列之间必然存在细微的形状差异,因此点云 $\widehat{\boldsymbol{M}}^i$ 中的点 $\widehat{\boldsymbol{P}}_j^i$ 不一定能在点云 $\widehat{\boldsymbol{M}}^{i+1}$ 中找到和它重合的点 $\widehat{\boldsymbol{P}}_k^{i+1}$,从而破坏该迭代收敛方案的收敛性。为此,采用了统计方式来识别并消除这种形状差异。具体地,首先计算相邻点云($\widehat{\boldsymbol{M}}^i$ 和 $\widehat{\boldsymbol{M}}^{i+1}$)之间的所有距离 $\hat{d}_j^i$。其次,根据统计方法识别并删除离群点 $\widehat{\boldsymbol{P}}_j^i$:

$$\hat{d}_j^i > E(\{\hat{d}_j^i\})+\lambda\sigma(\{\hat{d}_j^i\}) \tag{4.10}$$

$E(\cdot)$ 和 $\sigma(\cdot)$ 分别表示对距离序列进行均值运算和标准差运算。λ 是一个常量,这里设置为 0.3。对于距离 $\hat{d}_j^i$,将满足式(4.10)的点 $\widehat{\boldsymbol{P}}_j^i$ 设置为离群点,把该距离 $\hat{d}_j^i$ 从优化过程式(4.9)中删除。实验结果显示了该统计方

法的有效性。

2. 相似判别方案

根据运动估计解的存在性和唯一性，借鉴传输模型下运动估计方法的研究成果[66]，采用基于相似性评估的收敛方案，进一步提高运动估计的精度。该收敛方案通过逐渐增加连续点云的数量，在相似异帧的条件下，实现两次求解误差低于预设阈值的目标，从而完成运动参数的迭代收敛。

设当且仅当

$$\| X_i^* - X_{i+1}^* \| < \varepsilon$$

这里，ε 为给定阈值，取 $\varepsilon = 10^{-3}$，判定相似判别成功，否则，判定为判别不成功，并不断增加连续点云的数量直至出现满足精度要求的两个解，完成迭代收敛过程。该相似判别方案大大降低了运动估计非线性求解系统中固有的不确定性。此外，它还增强了本节方法（基于三维整体点云模型运动估计方法）的鲁棒性，使其能够克服双尺度运动差异和由自遮挡引起的形状差异对运动估计的影响。

综上，基于三维整体点云序列的运动估计方法包括两个主要阶段：正交矩阵表述下的渐进式运动估计机制的自旋运动和进动运动估计，以及运动物理参数表述下的迭代收敛方案。该运动估计方法能够在单载荷线阵测量系统下实现本书研究背景下的空间目标所有运动状态下的运动估计，获得空间失稳目标的高精度运动参数。

4.3   基于三维整体点云模型运动估计的实验结果

本节根据实际研究背景，对空间失稳目标进行了一系列实验，以评估基于三维整体点云序列运动估计方法在不同运动状态（进动角速率为 $3 \sim 14°/s$、自旋角速率为 $13 \sim 44°/s$）下的实验结果。这里所有的实验都是在 64 位 Windows 10 系统、Core(TM) I5-1240P CPU 的硬件条件下采用应用程序 MATLAB 完成的。值得说明的是，考虑到涉密问题，所有实验数据都是模拟的。实验源数据来自上海宇航系统工程研究院，是采用尼康激光扫描仪获取的卫星模型的三维点云。实验目标 1（某卫星模型 A）的尺寸为 $14400mm \times 4800mm \times 4400mm$，实验目标 2（某卫星模型 B）的尺寸为 $6500mm \times 2500mm \times 6000mm$。参数见表 3.1。

4.3.1　自适应求解策略

根据上文提出的运动估计方法(式(4.2)、式(4.5)、式(4.8)和式(4.9)),理论上只需使用等时间间隔内捕获的三帧连续点云,就能够得出空间失稳目标的运动参数,包括自旋运动和进动运动的全部运动参数。然而,线阵测量下必然存在的帧间和帧内双尺度运动差异,以及由不可避免的自遮挡导致的形状差异使得仅仅采用三帧连续点云数据无法达到准确的运动估计结果,尤其是在非合作条件下。为了评估帧数选取对运动估计的影响,利用 5 个及以上帧数建立超定方程,估算自旋和进动的运动参数估计误差的变化,如图 4.3 所示。

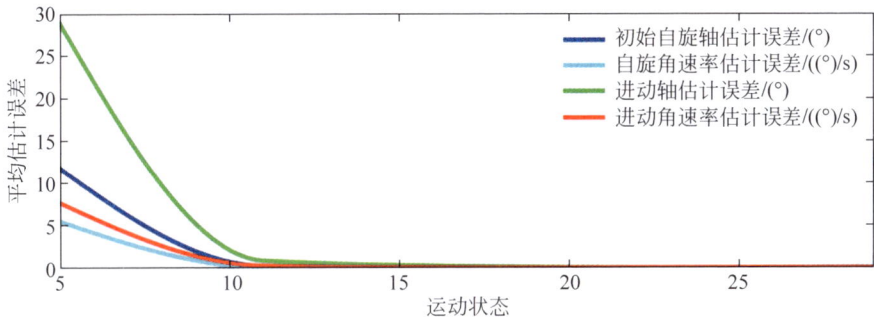

图 4.3　不同点云帧数情况下各运动参数平均估计误差的实验比较结果

由图 4.3 可知,各运动参数的变化趋势非常明显:随着帧数的增加,自旋和进动的估计误差都明显减小。当使用的帧数达到 12 帧及以上时,自旋和进动各参数的估计误差都呈现令人满意的结果。为了进一步探究不同帧数(固定帧数)下的运动估计结果,持续增加使用的帧数(从 5 帧至 29 帧),观测所有运动状态下每一个运动参数的估计误差。图 4.4 给出了实验的部分结果。

由图 4.4 可知,当采用固定帧数的求解策略时,无论是 5 帧还是 29 帧(甚至更多的点云数量),都无法达到期望的在所有运动状态下都取得高精度的运动估计结果。为了解决这一问题,引入自适应求解策略(式(3.29))的解决方案。图 4.4 显示,本节方法(基于三维整体点云序列的运动估计方法)在使用自适应求解策略时,始终能够获得最高精度的运动估计结果。

进一步,为了详细研究自适应求解策略对所有运动状态需要使用的帧数,对使用的连续点云数量做了统计,见图 4.5。值得说明的是,为了提高

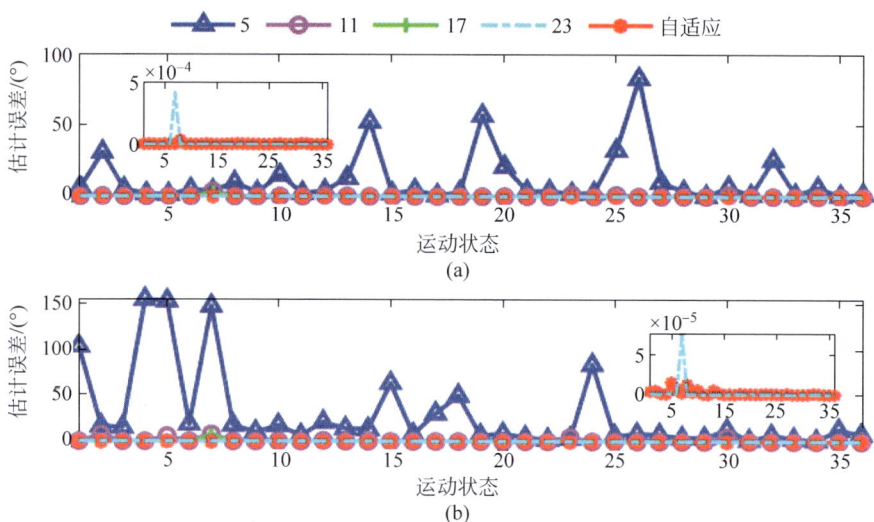

图 4.4   不同帧数(固定帧数)下的运动参数的估计误差

(a)和(b)分别是初始自旋轴和进动轴的实验比较结果。其中,红色星线代表采用自适应求解策略的方法所取得的结果,而其他线条描述了采用固定帧数(5(蓝色三角形)、11(紫色圆圈)、17(绿色圆点)、23(青色虚线))得到的实验结果

效率,从 12 帧开始逐渐增加帧数以检验本节提出的运动估计方法的实际效果,如图 4.5 所示。由图 4.5 可知,在大多数情况下,只需迭代两次即可达到收敛。

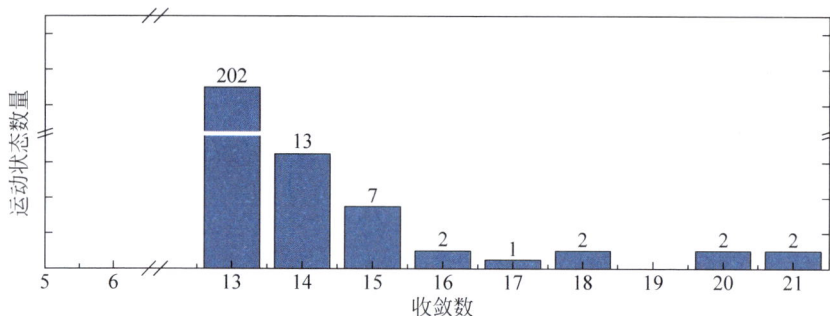

图 4.5   满足收敛条件时所用连续点云帧数的统计直方图

本节方法采用自适应求解策略,通常在大多数情况下使用连续 13 帧点云就能达到收敛效果

4.3.2   高斯噪声的敏感性分析

在线阵测量系统采集点云数据的过程中,通常会受到各种噪声的影响。

其中,有噪声的点云数据可以表示为 $\boldsymbol{P} = \{\boldsymbol{P}^i + n_i\}$,其中 n_i 表示服从 n 分布的噪声分量。根据实际情况,此处假设捕捉到的点云数据仅受到高斯噪声的干扰,且噪声标准差为 $0.5\% \sim 2\%$。为了评估本节方法(基于三维整体点云序列的运动估计)对高斯噪声的敏感性,实验评估了本节方法在两个不同方法下、不同标准差噪声条件下的运动估计情况。这两个方法分别为正交矩阵表述下的渐进式运动估计机制(progressive estimation mechanism,PEM)和改进的渐进式运动估计机制(improvement progressive estimation mechanism,IPEM)。表 4.1 给出了这两个不同方法在不同标准差高斯噪声条件下的实验比较结果。

表 4.1　PEM 和 IPEM 在不同标准差噪声条件下的各运动参数的比较结果

估 计 误 差	方法	0%噪声	0.5%噪声	1%噪声	2%噪声
自旋轴方向估计误差/(°)	IPEM	**0.000**	0.530	0.569	1.268
	PEM	0.330	**0.253**	**0.350**	**1.088**
自旋角速率估计误差/((°)/s)	IPEM	**0.000**	0.123	0.112	0.085
	PEM	0.143	**0.121**	**0.110**	**0.084**
进动轴方向估计误差/(°)	IPEM	**0.000**	0.417	0.431	0.995
	PEM	0.212	**0.186**	**0.238**	**0.725**
进动角速率估计误差/((°)/s)	IPEM	**0.000**	0.044	0.052	0.148
	PEM	0.052	**0.044**	**0.052**	**0.148**

注:表中黑体数值表示本节方法所得结果在不同条件下优于其他方法。

如表 4.1 所示,当受到标准差小于 2% 的高斯噪声干扰时,PEM 对自旋和进动的运动估计基本不受影响。这说明提出的渐进式运动估计机制对高斯噪声具有很强的鲁棒性。然而,由于噪声总是呈现随机性和不确定性,IPEM 对于所有带有高斯噪声的测量数据均无法实现收敛,不能得到高精度的运动估计。因此,对于带有噪声干扰的点云数据,默认选择 PEM 作为噪声条件下的方法,将 IPEM 保留给无噪声的应用场景。

此外,本节还在噪声情况下对于同样采用线阵测量系统的其他方法——LGME[58]、传输模型(transmission model,TM)[66]、RPM[27] 和双配准矩阵(double registration matrices,DRM[67])进行了比较。这组实验也是在不同标准差(0.5% ~ 2%)的噪声条件下进行的。表 4.2 给出了初始自旋轴和自旋角速率的比较结果,该结果由 Li 等[27] 和 Xu 等[67] 的研究给出,其仅对自旋运动进行了估算。

表 4.2   不同噪声情况下各类方法在自旋轴和自旋角速率的均值及
标准差的实验比较结果

估计误差	方　法	0%噪声		0.5%噪声		1%噪声		2%噪声	
		均值	标准差	均值	标准差	均值	标准差	均值	标准差
初始自旋轴估计误差/(°)	LGME[58]	17.514	30.205	23.938	37.805	25.224	34.672	34.349	38.505
	TM[66]	0.0000	0.0000	14.813	11.628	19.505	20.625	38.642	44.089
	RPM[27]	7.7970	2.9708	7.9439	2.9894	8.2092	2.9473	8.1677	3.4205
	DRM[67]	8.9234	3.0846	8.9033	3.0713	8.9080	3.0617	8.9637	3.3069
	本节方法	0.0000	0.0000	0.2532	0.1819	0.3497	0.3169	1.0882	0.9177
自旋角速率估计误差/((°)/s)	LGME[58]	0.2678	0.1000	0.3163	0.0985	0.3129	0.1006	0.2988	0.1119
	TM[66]	0.0000	0.0000	9.2431	10.724	9.9144	11.379	13.221	13.589
	RPM[27]	0.5331	1.1248	0.8565	1.9166	0.9652	2.4149	1.1662	1.5875
	DRM[67]	0.2749	0.1034	0.3541	0.1644	0.3718	0.2077	0.4661	0.3824
	本节方法	0.0000	0.0000	0.1211	0.0783	0.1104	0.0778	0.0844	0.0491

从表 4.2 中可以明显看出，在初始自旋轴和自旋角速率的运动估计方面，本节方法（基于三维整体点云序列的运动估计方法）始终优于其他方法。

4.3.3　运动估计有效性分析

本节对采用三维整体点云序列进行运动估计的其他方法（RPM[27]方法和 DRM[67]方法）的各运动参数在测量数据无噪声情况的不同运动状态下进行了估计误差及运行时间的比较，如图 4.6 所示。

由图 4.6 可以看出，对于忽略帧内运动差异的 RPM[27] 方法，其在自旋运动估计（包括自旋轴和自旋角速率）中的估计误差较其他方法估计效果最差。DRM 方法[67]通过利用双配准矩阵进行自旋运动参数估计，采用前后两次配准结果的平均值估算运动参数，能够获得比 RPM 方法稍好的运动估计结果。然而，当实际应用背景中的进动无法忽略不计时，这两种方法往往不能达到预期的估计精度。同时，由图 4.6(a)～(e)可知，相比于 RPM 方法和 DRM 方法，本节方法（基于三维整体点云序列运动估计方法）在各种运动状态下都能获得更高的估计精度，在各参数下均可达到误差小于 10^{-2} 的数量级。此外，还比较了本节方法与 RPM[27] 方法和 DRM[67] 方法在不同运动状态下运行时间的差异。由图 4.6(f)可知，在大多数情况下，本节方法都能在 5s 内实现高精度的运动估计结果。

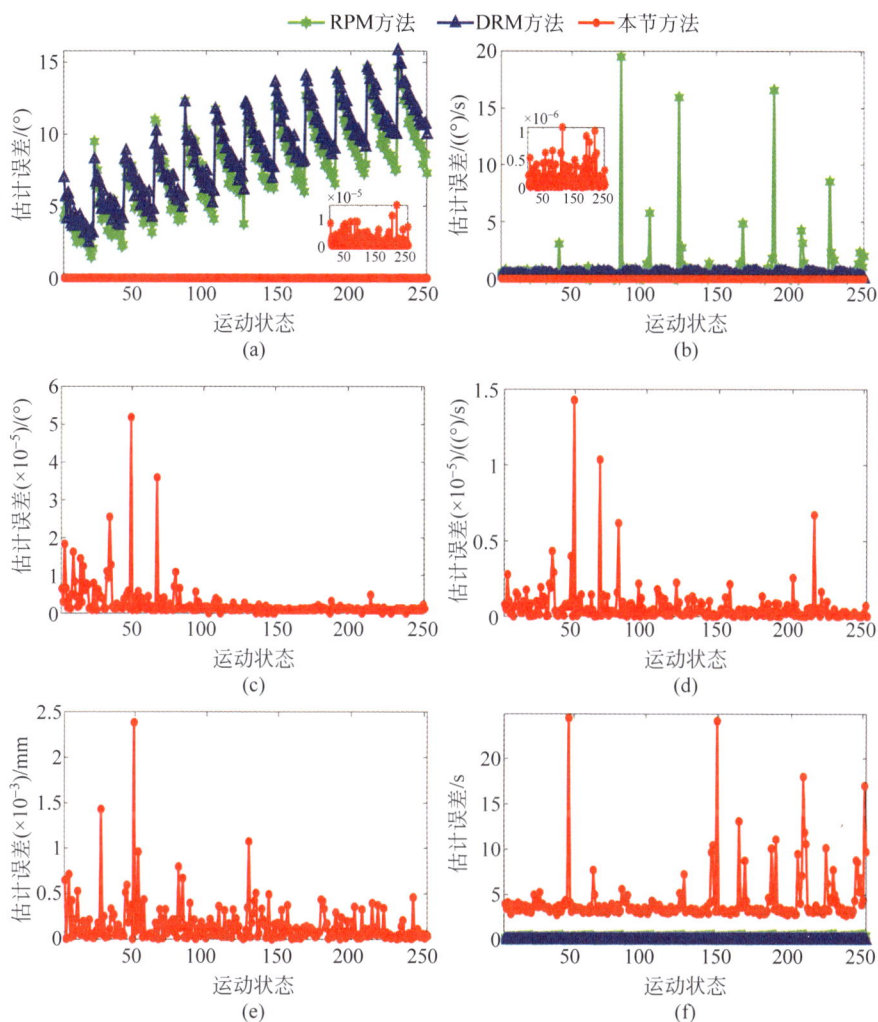

图 4.6　本节方法(基于三维整体点云序列的运动估计方法)与 RPM[27] 方法、DRM[67] 方法对各运动参数和运行时间的估计误差在不同状态下的比较结果

初始自旋轴(a)、自旋角速率(b)、进动轴(c)、进动角速率(d)和进动轴空间位置(e)的估计误差的比较结果。(f)3 种方法在不同运动状态下的运行时间的估计误差

4.4　基于三维整体点云序列的线阵成像畸变矫正的实验结果

在线阵测量系统下,每一时刻只能获取测量目标的一组线信息。对于位姿一直处于变化状态的空间失稳目标,直接组合这些线信息并不能获得其真实的三维形貌。当根据畸变点云序列获得了空间失稳目标的全部运动参数时,可以反过来根据这些运动参数,对捕获的点云序列进行畸变矫正,从而得到空间失稳目标真实的三维形貌。

上文已经介绍了线阵成像畸变矫正方法。类似地,这里介绍本节采用的畸变矫正方法。本节采用归一法把其他时刻获取的线阵信息根据估算的运动参数归一化到同一时刻,即基准时刻 T,得出基准时刻 T 下的空间失稳目标的三维位姿。不失一般性,总是选择初始采集时刻 t_0 为基准时刻 T。图 4.7 给出了在无噪声情况下本节方法与其他方法(LGME[58] 方法,TM[66] 方法,RPM[27] 方法和 DRM[67] 方法)在成像畸变矫正方面的比较结果。

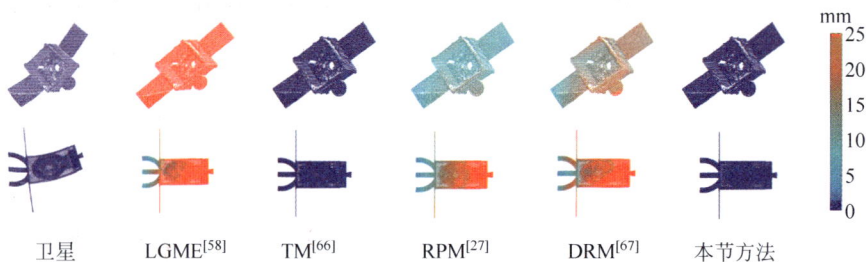

图 4.7　本节方法(基于三维整体点云序列的运动估计方法)与 LGME[58] 方法、TM[66] 方法、RPM[27] 方法、DEM[67] 方法在指定运动状态下成像畸变矫正的比较结果

第一行是针对某卫星模型 A 在 $l_s^0 = (0.2461, 0.0400, 0.9684)$,$\omega_s = 44°/s$,$l_p = (0.2272, -0.3861, 0.8941)$,$\omega_p = 14°/s$,$O_p = (2973.3, 329.9, 936.3)^T$ 运动状态下的捕获数据及各方法的矫正结果;第二行是针对某卫星模型 B 在 $l_s^0 = (0.0179, 0.0078, 0.9998)$,$\omega_s = 44°/s$,$l_p = (0.0162, -0.4155, 0.9094)$,$\omega_p = 14°/s$,$O_p = (1476.8, 31.8, 881.8)^T$ 运动状态下的捕获数据及各方法的成像畸变矫正结果

从图 4.7 可以明显看出,本节方法(基于三维整体点云序列的运动估计方法)能够得到几乎与真实点云模型完全吻合的畸变矫正结果,其在畸变矫正方面的性能值得肯定。虽然 TM 方法[66] 的结果看起来与本节方法一样

都是很好的畸变矫正结果,但其畸变矫正结果需要依赖特征点轨迹的精确表述。然而,在实际应用场景中,能够做到特征点轨迹的准确、完整表述本身就是一项具有挑战性的任务。

4.5　小　　结

本章提出了用于单载荷线阵测量系统下的基于三维整体点云序列的运动估计方法。该方法采用分层运动表述方式(正交矩阵形式和运动物理参数形式)实现了在不同尺度运动差异下及由自遮挡导致的形状差异下的高精度运动估计结果。实验结果验证了所提方法不仅显著降低了帧内运动差异对运动估计的影响,也在高斯噪声下具有一定的鲁棒性。同时,本章提出的基于统计的迭代收敛方案有效减少了空间失稳目标由于自遮挡导致的形状差异对运动估计的影响,提高了运动估计精度。

值得说明的是,本章的迭代收敛方案与 ICP 方法类似,当测量数据存在噪声干扰时无法收敛到全局最优解,第 5 章将对此进行讨论。

第 5 章 噪声干扰下基于三维整体点云序列的空间失稳目标运动估计

当研究视角从理论范畴拓展至实际应用环境时,噪声作为一种不可避免的干扰因素,显著地增加了动态目标运动估计的难度,为该领域的研究带来了全新的挑战。

为提高线阵测量系统下非合作空间目标在双尺度运动差异和噪声干扰等复杂情况下的运动估计精度,本章运用信号处理与统计学的相关理论,深入剖析激光雷达所产生噪声的分类体系及其独特的统计特性,提出了一种基于高斯混合模型的最大期望算法(expectation maximization-Gaussian mixture model,EM-GMM)的对分层次、非合作空间失稳目标的运动估计方法。该方法根据点云序列所具有的时间连续性,引入高斯混合模型,建立了两个 EM 层次,使用按列基准映射对齐点云序列,定量迭代第一 EM 层次获得粗估计结果。进一步,将无噪声点视为潜在变量,通过双曲正切降噪权重构造虚拟点替代原始测量点迭代第二 EM 层次,从而获取高精度运动参数。实验结果表明,所提方法可以有效抑制帧内运动差异和噪声干扰对运动估计的影响,较传统方法在不同噪声标准差下有更高的估计精度和更强的噪声鲁棒性。

5.1 激光雷达的噪声特性

空间失稳目标的跟踪与运动估计在航天工程、空间态势感知、轨道碎片管理及在轨服务等领域占据关键地位[59]。点云数据作为激光雷达对目标进行扫描后所获取的三维坐标集合,能够直观且精确地反映目标的几何形状、表面特征及动态变化,为下游目标识别、位姿估计和运动建模等任务提供了基础数据支撑[46]。然而,由于太空环境的极端复杂性与特殊性,点云数据在采集、传输与处理过程中,受到多种噪声的干扰,影响其质量与可靠性,对目标跟踪与运动估计的精度和时效性提出了重大挑战[68]。为了深入剖析点云噪声的特性与来源,基于噪声的产生机制,将其大致分为自然背景光噪声、暗电流噪声、热噪声、散斑噪声及其他噪声。

5.1.1　自然背景光噪声

在太空环境中,背景光噪声的来源广泛且复杂。宇宙微波背景辐射(cosmic microware background,CMB)作为宇宙大爆炸的余晖,在整个宇宙空间均匀分布,虽然其能量密度较低,但在高精度的激光雷达探测中仍不可忽视[69]。银河系内众多恒星的辐射,以及星际尘埃对光线的散射,形成了弥漫在星系间的背景光。此外,航天器自身结构体对太阳光线的镜面反射与漫散射等行为,进一步在探测器的有效视场范围内引入额外的背景光干扰噪声,从而影响探测数据的准确性与可靠性。

在激光雷达的探测过程中,背景光通过光学系统的散射、折射及探测器光敏元件的非理想响应,混入目标回波信号,导致点云数据出现偏移的信号点[70]。这些虚假信号点与真实目标点相互交织,严重干扰了目标位置与姿态的精确测定。在目标跟踪任务中,背景光噪声可能导致跟踪算法误判目标位置,使轨迹出现明显的漂移与抖动,降低跟踪的稳定性与准确性。以对空间失稳目标进行测量为例,当激光雷达和失稳目标相对位置转到以太阳为背景时,背景光强度急剧增加,激光雷达的信噪比大幅下降,使得获取的数据频繁丢失目标,严重影响了对空间失稳目标的实时监测。

5.1.2　暗电流噪声

暗电流噪声是探测器固有的噪声源,其产生根源在于探测器内部半导体材料中载流子的热激发。在无光照条件下,半导体中的电子由于热运动,仍会有一定概率跨越禁带,形成微弱的电流[71],输出的暗电流可以表示为

$$I_n^2 = 2eM^2BF_nI_d \tag{5.1}$$

式中,e,B,F_n,M,I_d 分别表示电子电荷、信道噪声频率带宽、噪声系数、倍增因子和漏电流量(单位为 A)。

在航天环境中,探测器所处的高辐射环境,会显著改变半导体材料的电学特性,会在半导体内部产生大量缺陷与陷阱,这些缺陷与陷阱会捕获和释放载流子,使暗电流的产生机制更为复杂,进一步增大暗电流噪声[72]。在空间失稳目标的点云数据采集中,暗电流噪声随时间不断累积,使点云数据呈现大量距离异常,目标的轮廓边界变得模糊不清[73]。这不仅增加了目标识别的难度,还严重影响了目标运动参数的估计精度。在对高速旋转的失稳航天器进行观测时,暗电流噪声可能导致激光雷达无法准确捕捉航天器

的边缘点,从而在计算其旋转角速率和姿态角时产生较大误差。

5.1.3 热噪声

热噪声,又称约翰逊-奈奎斯特噪声(Johnson-Nyquist noise),是由于电子元件内部的电子热运动而产生的。在激光雷达的探测器和信号处理电路中,电子在电阻等元件中做无规则的热运动,导致电流和电压的随机涨落,从而产生热噪声[74]。热噪声的功率谱密度是均匀的,与频率无关,热噪声电流的标准误差平方可表示为

$$I_t^2 = \frac{4kTB}{R_t} \tag{5.2}$$

式中,k 为玻耳兹曼常数,R_t 为热电阻(单位为 Ω),T 为温度,B 为信道噪声频率带宽。

在太空环境中,航天器面临巨大的温度梯度,从太阳直射面的高温到阴影面的极寒,探测器的工作温度会发生剧烈变化[75]。这种温度的大幅波动不仅会导致热噪声的强度发生显著改变,还会影响探测器和电路元件的性能参数,如电阻、电容等,进一步加剧热噪声的影响,降低信号的分辨率和精度。在对深空探测器进行跟踪时,热噪声可能导致激光雷达无法准确测量探测器的距离和速度,从而影响对测量目标位姿的精确预测。

5.1.4 散斑噪声

散斑噪声是相干光与粗糙表面相互作用的固有现象,其随机性和高对比度对所有光学测量技术提出了挑战。当激光照射到目标表面时,由于目标表面的微观粗糙度通常远大于激光波长,激光在表面发生漫反射。反射光在传播过程中相互干涉,在探测器光敏面上形成随机分布的亮暗斑点,这些亮暗斑点会对采集的点云数据产生干扰。尤其对于具有高速旋转、翻滚等复杂运动状态的测量目标,反射光的相位关系将持续变化,导致散斑噪声随时间快速且无规律地变化。

散斑噪声在点云数据中表现为局部区域点的位置和强度的随机波动。在目标测量时,这种随机波动可能使测量误将散斑特征当作目标的形态结构,从而导致目标误判。在对表面具有复杂纹理的目标进行测量时,散斑噪声可能会使卫星表面看似存在一些实际上并不存在的凸起或凹陷,干扰对卫星真实形状的判断。在运动估计方面,散斑噪声引起的点云数据扰动会给目标的速度、轴方向等参数的估计带来较大误差[76]。以本书主要研究的

非合作情况下的空间失稳目标的运动估计为例,散斑噪声干扰下获取的点云数据偏差可能导致对空间失稳目标的运动估计存在严重误差,影响空间失稳目标的位姿测量。

5.1.5　其他噪声

除了上述主要噪声源外,空间环境中还存在多种其他类型的噪声,对点云数据质量产生不容忽视的影响。例如 $1/f$ 噪声,又称闪烁噪声,其功率谱密度与频率成反比,主要存在于低频段[77]。闪烁噪声的产生与半导体材料的表面状态、杂质分布及器件的制造工艺等因素有关。在激光雷达的探测器中,光敏层的材料不均匀或缺陷导致了该噪声的产生。这种噪声在长时间的数据采集过程中会逐渐积累[78],进而影响测量目标的运动估计精度。

此外,航天器自身携带的大量电子设备,在运行过程中会产生复杂的电磁干扰。这些电磁干扰通过传导、辐射等方式,耦合到激光雷达的信号传输线路和探测器中,导致点云数据出现波形畸变、脉冲干扰等问题[79]。同时,航天器在轨道上的姿态调整、结构振动等机械运动,会使激光雷达的发射和接收光路发生微小的偏移和抖动,从而造成接收信号的强度和相位发生变化,引入额外的噪声[80]。这些噪声相互交织,使得使用激光雷达实现对空间失稳目标的高精度三维测量变得极具挑战性。

在直接检测方式下,探测器接收大量光子,进而产生大量光电子。其噪声出现的概率密度函数,可近似以高斯概率密度函数表示。在线性放大条件下,探测器的背景噪声、暗电流噪声、热噪声及其他噪声等加性噪声耦合,近似具有高斯分布的统计特性[81]。这一特性为噪声的建模与分析提供了便利,使得可以采用基于高斯噪声模型的信号处理方法,对受噪声干扰的点云数据进行处理和优化。

为了能够在地面模拟太空环境中激光雷达的真实采样数据,深入研究噪声对点云数据的影响机制,根据任务中的工况要求,本书仅考虑加性噪声对成像的影响,建立相应的噪声模型,并根据所建立的噪声模型对成像点云进行加噪处理,得到仿真激光雷达成像结果。具体而言,将噪声的标准差分别设置为点云数据最大值与最小值之间的欧氏距离的 0.5%、1.0% 和 1.5%,噪声对非合作空间目标的影响如图 5.1 所示。

从图 5.1 中可以直观地看出,当噪声的标准差从 0.5% 逐步递增至 1.5% 时,点云数据的模糊程度明显加剧。这种变化必然会对运动估计产生

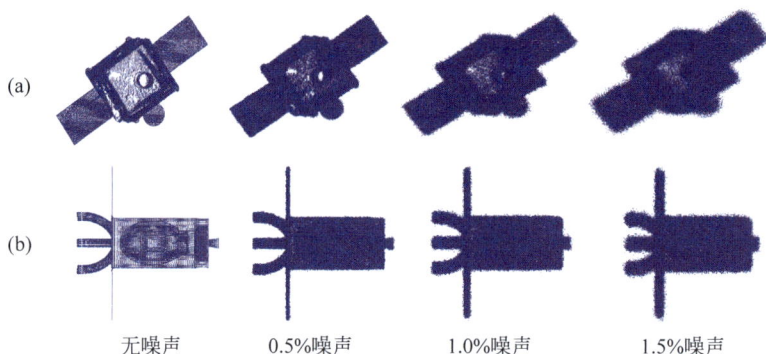

图 5.1　不同噪声标准差下的静止点云图像

（a）某卫星模型 A；（b）某卫星模型 B

负面影响。究其原因，当前大多数基于整体点云模型开展运动估计的方法，主要依赖于迭代最近点(iterative closest point，ICP)算法或 ICP 扩展类的点云配准技术。在噪声的干扰下，点云连续帧间配准的收敛性会显著恶化，不仅会导致收敛速度变慢，甚至会导致无法收敛，最终对运动估计的准确性和可靠性造成严重影响。

　　鉴于此，对于受噪声干扰的点云数据，直接采用 ICP 类的点云配准技术并不适宜。5.2 节将引入高斯混合模型及期望最大化(expectation-maximization，EM)算法。该算法借助概率匹配及最大似然估计的原理，能够显著降低噪声对配准过程的干扰，有效提升点云配准的精度和稳定性，为后续的运动估计提供更可靠的数据基础。

5.2　高斯混合模型和 EM 算法

　　从统计学原理剖析，高斯混合模型(Gaussian mixture model，GMM)由多个高斯分布线性组合构成。这种组合形式赋予 GMM 强大的建模能力，使其能够表征多种不同分布特征的数据。GMM 依据各高斯分布的权重系数，对复杂数据进行精确建模，且可以灵活调整各高斯分布的均值、协方差和权重，从而细致地拟合各种复杂的数据分布，在处理具有多模态特征的数据时表现出卓越的适应性。

　　假设随机一维变量 x 服从一个均值为 μ、方差为 σ^2 的高斯分布，记作 $x \sim \mathcal{N}(\mu, \sigma^2)$，它的概率密度函数 $p(x)$ 为

$$p(x) = \frac{1}{\sqrt{2\pi}\sigma}\exp\left[-\frac{(x-\mu)^2}{2\sigma^2}\right] \tag{5.3}$$

类似地,可以定义多变量高斯分布,如果随机变量 $X = [x_1, x_2, \cdots, x_n]^{\mathrm{T}}$ 服从一个均值为 $\mu = [\mu_1, \mu_2, \cdots, \mu_n]^{\mathrm{T}}$、协方差矩阵为 $\boldsymbol{\Sigma}$ 的多变量高斯分布,则

$$X \sim \mathcal{N}(\mu, \boldsymbol{\Sigma}) \tag{5.4}$$

其概率密度函数 $p(X)$ 展开为

$$p(X) = \frac{1}{(2\pi)^{\frac{n}{2}}|\boldsymbol{\Sigma}|^{\frac{1}{2}}}\exp\left[-\frac{1}{2}(X-\mu)^{\mathrm{T}}\boldsymbol{\Sigma}^{-1}(X-\mu)\right] \tag{5.5}$$

则高斯混合模型是由多个高斯分布组成的线性组合:

$$p(x) = \sum_{k=1}^{K}\lambda_k \mathcal{N}(x; \mu_k, \sigma_k^2) \tag{5.6}$$

式中,K 是混合模型中模型分量的总数,$\mathcal{N}(x; \mu_k, \sigma_k^2)$ 表示模型中的第 k 个高斯分量,$\lambda_k > 0$ 且 $\sum_k = 1^K \lambda_k = 1$ 是模型中每个分量对应的权重。

同理,可以定义多变量高斯混合模型的概率密度函数为

$$p(X) = \sum_{k=1}^{K}\lambda_k \mathcal{N}(X; \mu_k, \boldsymbol{\Sigma}_k) \tag{5.7}$$

从理论上讲,高斯混合模型能够以任意精度逼近任意连续概率密度函数。由于高斯混合模型具有良好的数据表达能力,在参数估计上也具有便利性,所以为了抑制点云数据易受噪声、遮挡等因素干扰所带来的运动估计精度下降问题,许多学者提出了基于 GMM 的配准方法[82-83]。Evangelidis 等[84]假设点云序列由同一个 GMM 生成的,将多帧点云配准转化为聚类问题,结合 EM 算法提出了多点云的联合配准方法估计刚性变换参数(joint registration of multiple point clouds,JRMPC)。Fortun 等[85] 在 JRMPC 的基础上增加了对各向异性噪声的处理,使用虚拟点提升了算法的鲁棒性,扩展了配准的适用范围。

假设点云序列中的各帧点云均服从同一 GMM 的概率分布,将该 GMM 生成的点云视为由序列中的点云经过刚性变换(旋转及平移)所得。基于此,GMM 的参数受到配准过程中的旋转矩阵与平移向量的调控,并在配准优化进程中进行动态调整。依据上述假设,点云配准问题可以形式化为最大似然估计(maximum likelihood estimation,MLE)问题,通过将点云

数据与 GMM 的概率分布相关联,寻求使观测点云出现概率最大的模型参数。该问题借助 EM 算法进行求解,EM 算法通过迭代执行期望(expectation,E)步和最大化(maximization,M)步,不断逼近最优解,从而实现点云序列的一致性对齐,提升点云数据处理的精度与可靠性。

设线阵激光雷达所采集的点云序列由等时间间隔 $\{\boldsymbol{\tau}_j\}_{j=1}^M$ 的点云序列 $\boldsymbol{P}=\{\boldsymbol{P}_j\}_{j=1}^M$ 组成。其中,$\boldsymbol{\tau}_j=\{t_{j1},t_{j2},\cdots,t_{jL}\}$,$\boldsymbol{P}_j=\{\boldsymbol{P}_{jl}\mid\boldsymbol{P}_{jl}=\{P_{jl1},P_{jl2},\cdots,P_{jlN_{jl}}\}\}$;$t_{jl}$、$P_{jli}$ 和 N_{jl} 分别表示第 j 帧第 l 列与基准时刻的时间间隔、采集的第 i 个测量点数量和捕获测量点数量;M 代表点云序列所包含的点云帧数;L 代表线阵总列数。

假设点云序列中的点 P_{jli} 是由高斯混合模型所产生的,则有

$$p(P_{jli}\mid\boldsymbol{\Theta})=\sum_{k=1}^K\lambda_k\,\mathcal{N}(\boldsymbol{R}_j P_{jli}+\boldsymbol{T}_j;\mu_k,\boldsymbol{\Sigma}_k)+\lambda_{K+1}\,\mathcal{U}(h)\quad(5.8)$$

这里,$\boldsymbol{\Theta}$ 表示模型参数 $\boldsymbol{\Theta}=\{\{\boldsymbol{R}_j,\boldsymbol{T}_j\}_{j=1}^M,\theta_G\}$;$\theta_G$ 表示高斯混合模型参数 $\theta_G=\{\lambda_k,\mu_k,\boldsymbol{\Sigma}_k\}_{k=1}^K$;$\lambda_k$、$\mu_k$ 和 $\boldsymbol{\Sigma}_k$ 分别是高斯混合模型第 k 个分量的权重、均值和协方差矩阵;λ_{K+1} 定义为异常值与正常值的比率;$\{\boldsymbol{R}_j P_{jli}+\boldsymbol{T}_j\}_{j,l,i=1}^{M,L,N_{jl}}$ 表示通过刚性变换参数 $\{\boldsymbol{R}_j,\boldsymbol{T}_j\}_{j=1}^M$ 将点云序列所有点以点云序列为中心,通过旋转和平移移动到以高斯混合模型为中心的公共区间;$\mathcal{U}(h)$ 表示包含点云的凸包体积 h 的均匀分布[86]。

因此,未知参数 $\boldsymbol{\Theta}=\{\{\boldsymbol{R}_j,\boldsymbol{T}_j\}_{j=1}^M,\theta_G\}$ 的求解就被转化为概率论当中的参数估计问题。对于每个观测数据点来说,事先并不知道它属于哪个子分布(隐变量),式(5.8)最大化问题的解不能以一个封闭的形式得到,这个问题可以用求解含有隐藏变量的迭代 EM 算法进行求解。

EM 算法通常用于最大似然估计优化,在给定一组隐藏变量的条件下可以最大化对数似然的期望。设 $\boldsymbol{Z}=\{Z_{jli}\}_{j,l,i=1}^{M,L,N_{jl}}$ 为隐藏变量,且 $Z_{jli}=k$ 表示测量点 P_{jli} 被分配给高斯混合模型的第 k 个分量。模型参数 $\boldsymbol{\Theta}$ 的数值解可以通过最大化对数似然的期望来进行估计,对数似然的期望为

$$E[\boldsymbol{\Theta}\mid\boldsymbol{P},\boldsymbol{Z}]=E_{\boldsymbol{Z}}[\log p(\boldsymbol{P},\boldsymbol{Z}\mid\boldsymbol{P};\boldsymbol{\Theta})]$$
$$=\sum_{\boldsymbol{Z}}p(\boldsymbol{Z}\mid\boldsymbol{P};\boldsymbol{\Theta})\log(p(\boldsymbol{P},\boldsymbol{Z};\boldsymbol{\Theta}))\quad(5.9)$$

假设观测到的数据是独立的,并且分布相同,那么式(5.9)可改写为

$$E[\boldsymbol{\Theta}\mid\boldsymbol{P},\boldsymbol{Z}]=\sum_{jlik}\alpha_{jlik}(\log\lambda_k+\log p(P_{jli}\mid Z_{jli}=k;\boldsymbol{\Theta}))\quad(5.10)$$

这里,α_{jlik} 表示 P_{jli} 在参数 $\boldsymbol{\Theta}$ 下映射到基准时刻后,属于第 k 个高斯混合

模型分量的概率。

通过去除常数项并近似替代,式(5.10)可以转化为

$$f(\boldsymbol{\Theta}) = -\frac{1}{2}\sum_{jlik}\left[\alpha_{jlik}\left(\parallel \boldsymbol{R}_j P_{jli} + T_j - \mu_k \parallel_{\boldsymbol{\Sigma}_k}^2 - 2\log(\lambda_k) + \log|\boldsymbol{\Sigma}_k|\right)\right]$$

(5.11)

由于参数 $\{\boldsymbol{R}_j\}_{j=1}^M$ 属于正交矩阵,对它们的估计需要保证其正交性。因此,配准问题可以被表述为一个带约束的最优化问题:

$$\begin{cases} \max f(\boldsymbol{\Theta}) \\ \text{s.t. } \boldsymbol{R}_j\boldsymbol{R}_j^{\mathrm{T}} = I \text{ and } |\boldsymbol{R}_j| = 1, \quad \forall j \in [1,2,\cdots,M] \end{cases}$$

(5.12)

由于线阵测量系统下获取的点云序列总存在帧内运动差异,无法直接应用上述 EM-GMM 进行点云配准的运动估计。借鉴该研究思路,在线阵测量系统下基于 EM-GMM 提出分层次运动估计的方法求解模型参数 $\boldsymbol{\Theta}$,降低帧内运动差异与噪声干扰所带来的误差。

5.3　高斯混合模型下分层次空间失稳目标运动估计

基于 EM-GMM 的非合作空间失稳目标分层次运动估计方法如图 5.2 所示。在构建的三层结构中,初始层为了获取初始模型参数 $\boldsymbol{\Theta}$,通过 ICP 算法对点云序列进行粗配准,使用传输模型将 $\{\boldsymbol{R}_j,\boldsymbol{T}_j\}_{j=1}^M$ 转换为运动初始参数 $\boldsymbol{\theta}_{\mathrm{T}}$,接着通过运动参数将点云序列进行校正,获得 GMM 初始参数 $\boldsymbol{\theta}_{\mathrm{G}}$;在第一层次使用 EM 算法建立 EM-GMM 模型框架,在 E 步中使用初始层输出的初始模型参数 $\boldsymbol{\Theta}$ 计算高斯混合模型与点云序列之间的后验概率 α_{jlik},使用两个 M 步分别更新运动参数和 GMM 参数;在第二层次中,在 E 步中添加由双曲正切降噪权重构造的虚拟点替代原始测量点,并使用虚拟点与原始测量点分别对运动参数和 GMM 参数进行更新,直至运动参数收敛或达到最大迭代次数,随后使用运动参数对点云序列校正到基准时刻,获得空间失稳目标的三维真实形貌。

本节详细介绍了采用分层次运动估计方法最优化目标函数 $f(\boldsymbol{\Theta})$ 求解模型参数 $\boldsymbol{\Theta}$ 的过程。由于空间失稳目标的全局进动使得自旋轴方向一直随时间变换,点云序列上不同时刻捕获的测量点遵循不同的轨迹,无法通过相邻帧整体配准获取运动参数。为此,采用按列基准映射替代刚性配准进行变换参数估计,通过捕获 P_{jl} 的时间 t_{jl} 和运动参数 $\boldsymbol{\theta}_{\mathrm{T}} = \{\alpha_{\mathrm{s}_0}, \beta_{\mathrm{s}_0}, \omega_{\mathrm{s}}, \alpha_{\mathrm{p}},$

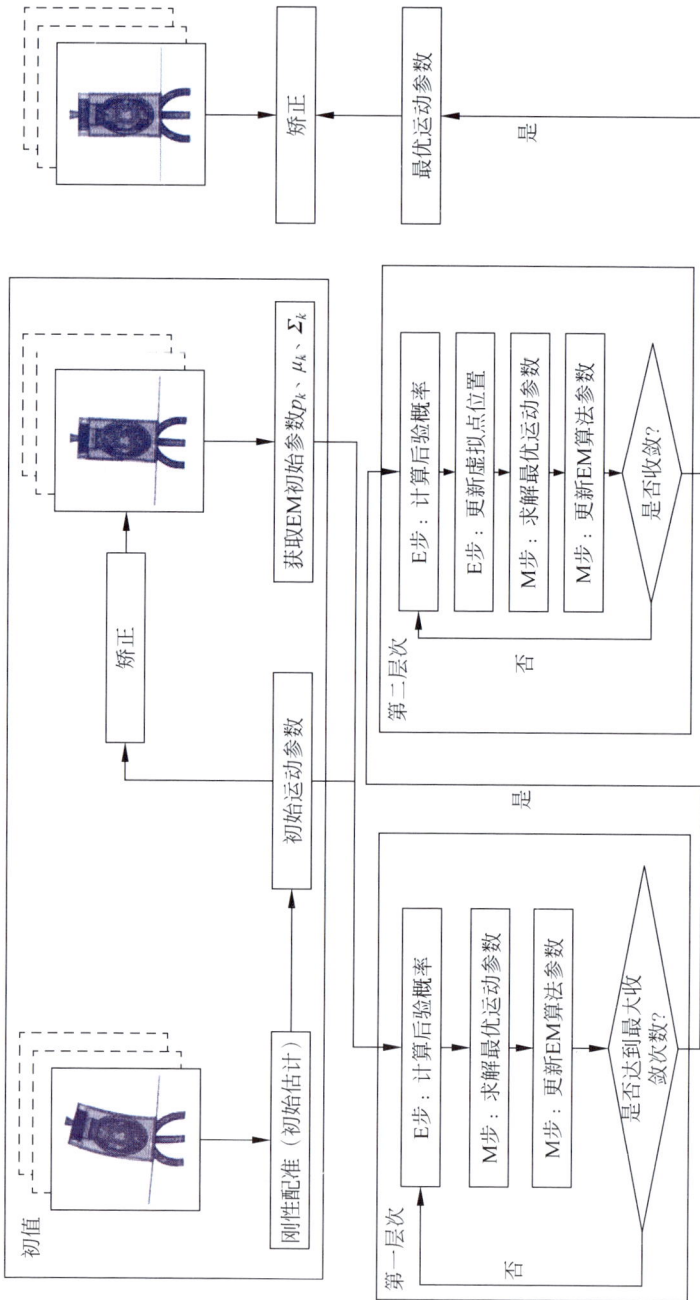

图 5.2 本章方法的算法流程

β_p, ω_p, O_p} 将 P_{jl} 映射到基准时刻 t_0 所在的位置, 使所有测量点沿其轨迹映射到基准时刻, 消除因进动所导致的帧内差异, 具体地, 有

$$\phi_{jl}(P_{jli}) = H P_{jli} + [I - H] O_p \tag{5.13}$$

式中, $H = A_{s_0} B(-t_{jl}\omega_s) A_{s_0}^T G$, $G = A_p B(-t_{jl}\omega_p) A_p^T$, $A_{s_0} = A(\alpha_{s_0})$, $A_p = A(\alpha_p)$, 另有

$$A(\alpha) = \begin{bmatrix} -\sin\alpha & -\cos\alpha\cos\alpha & \cos\alpha\sin\alpha \\ \cos\alpha & -\sin\alpha\cos\alpha & \sin\alpha\sin\alpha \\ 0 & \sin\alpha & \cos\alpha \end{bmatrix}$$

$$B(t\omega_s) = \begin{bmatrix} t\cos\omega_s & -t\sin\omega_s & 0 \\ t\sin\omega_s & t\cos\omega_s & 0 \\ 0 & 0 & 1 \end{bmatrix}$$

因此目标函数式(5.11)改写为

$$f(\boldsymbol{\Theta}) = -\frac{1}{2} \sum_{jlik} \left[\alpha_{jlik} \left(\| \phi_{jl}(P_{jli}) - \mu_k \|_{\boldsymbol{\Sigma}_k}^2 - 2\ln\lambda_k + \ln | \boldsymbol{\Sigma}_k | \right) \right]$$

$$\tag{5.14}$$

5.3.1　第一层次运动估计

采用 EM 算法[87]来最大化点云序列期望的对数似然。EM 算法是在 E 步和 M 步之间进行迭代。在每次迭代中, E 步根据参数计算高斯混合模型与点云序列之间的后验概率, M 步通过后验概率最大化目标函数来更新模型参数 $\boldsymbol{\Theta}$。

在 E 步中, 使用贝叶斯定理计算高斯混合模型与点云序列之间的后验概率:

$$\alpha_{jlik} = \frac{\lambda_k \, \mathcal{N}(\phi_{jl}(P_{jli}); \mu_k, \boldsymbol{\Sigma}_k)}{\sum_{n=1}^{K} \lambda_n \, \mathcal{N}(\phi_{jl}(P_{jli}); \mu_n, \boldsymbol{\Sigma}_n) + \beta} \tag{5.15}$$

式中, β 为异常值的大小, $\beta = \lambda_{K+1}/h$。

对于标准 EM 算法, 模型参数只包含 GMM 参数, 参数的估计较为简单。在本章中, 模型参数还包含运动参数, 且式(5.14)因测量点需要映射而变得复杂, 在 M 步中同时估计所有模型参数将导致一个困难的非线性最优问题。因此参考期望条件最大化(ECM)方法[88], 在每次迭代时, 给定当前的 GMM 参数估计运动参数, 再给定新的运动参数去估计 GMM 参数, 此

步骤将运动参数拆分出来,使 GMM 参数可以按照标准 EM 算法进行更新,将模型参数$\boldsymbol{\Theta}$分成两部分:运动参数$\boldsymbol{\theta}_{\text{T}}$与 GMM 参数$\boldsymbol{\theta}_{\text{G}}$。由此,M 步被分成与每个变量相关的子问题,式(5.12)改写为

$$\boldsymbol{\theta}_{\text{T}}^{(s+1)} = \underset{\boldsymbol{\theta}_{\text{T}}}{\arg\max} f(\boldsymbol{\theta}_{\text{T}}, \boldsymbol{\theta}_{\text{G}}^{(s)}) \tag{5.16}$$

$$\boldsymbol{\theta}_{\text{G}}^{(s+1)} = \underset{\boldsymbol{\theta}_{\text{G}}}{\arg\max} f(\boldsymbol{\theta}_{\text{T}}^{(s)}, \boldsymbol{\theta}_{\text{G}}) \tag{5.17}$$

式中,s 为迭代次数。

根据式(5.16),对运动参数$\boldsymbol{\theta}_{\text{T}}$进行更新,此步骤是为了在固定 GMM 参数$\boldsymbol{\theta}_{\text{G}}$的情况下将$\boldsymbol{\theta}_{\text{T}}$最优化,从而将目标函数简化为

$$\boldsymbol{\theta}_{\text{T}}^{(s+1)} = \underset{\phi_{jl}}{\arg\min} \sum_{jlik} \alpha_{jlik} \parallel \phi_{jl}(P_{jli}) - \mu_k \parallel_{\Sigma_k}^2 \tag{5.18}$$

对于式(5.16),使用信赖域算法[89-90]来获得新的运动参数$\boldsymbol{\theta}_{\text{T}}$。在 M 步的子问题式(5.17)中,由于运动参数$\boldsymbol{\theta}_{\text{T}}$固定,故其计算流程与标准的 EM 算法流程相同。即给定后验概率α_{jlik},使用标准 EM 算法的 M 步更新 GMM 参数$\boldsymbol{\theta}_{\text{G}}$:

$$\begin{cases} \lambda_k^{(s+1)} = \dfrac{1}{N} \sum_{jli} \alpha_{jlik} \\[2ex] \mu_k^{(s+1)} = \dfrac{\sum\limits_{jli} \alpha_{jlik} \phi_{jl}(P_{jli})}{\sum\limits_{jli} \alpha_{jlik}} \\[3ex] \boldsymbol{\Sigma}_k^{(s+1)} = \dfrac{\sum\limits_{jli} \alpha_{jlik} \left[\phi_{jl}(P_{jli}) - \mu_k \right] \left[\phi_{jl}(P_{jli}) - \mu_k \right]^{\text{T}}}{\sum\limits_{jli} \alpha_{jlik}} \end{cases} \tag{5.19}$$

这里,$N = \sum\limits_{li} N_{li}$。

5.3.2 第二层次运动估计

第一层次的运动估计是在不考虑测量点受各种因素偏移的情况下进行求解,点云噪声问题依旧存在,为此采用指定次数(10 次)进行第一层次迭代得到运动参数的粗估计结果。在第二层次中,将点云序列基准时刻的无噪声点视为潜在变量,在 E 步中计算具有去噪效果的虚拟点[85],并在 M 步中使用虚拟点来获取高精度运动参数。

在第二层次的 E 步中,使用式(5.15)计算高斯混合模型和点云序列之

间的后验概率 α_{jlik}。假设原始测量点 P_{jli} 属于第 k 个高斯模型,为了降低测量点的噪声,设计了双曲正切函数的去噪权重方案,将原始测量点 P_{jli} 向 μ_k 进行偏移,具体地,

$$\overline{P}_{jlik} = W_{jlik}(P_{jli} - \mu_k) + \mu_k \tag{5.20}$$

式中,W_{jlik} 为去噪权重。W_{jlik} 的表达式为

$$W_{jlik} = \frac{\exp(1/\alpha_{jlik}) - \exp(-1/\alpha_{jlik})}{\exp(1/\alpha_{jlik}) + \exp(-1/\alpha_{jlik})} \tag{5.21}$$

理论上,第二层次的计算复杂度要第一层次高 K 倍。为了降低计算复杂度,对 α_{jlik} 进行筛选,删除后验概率小于阈值的点对。具体地,根据式(5.15)计算 α_{jlik},设阈值 ε_1 对 α_{jik} 进行筛选,只保留 $\alpha_{jik} \geqslant \varepsilon_1$ 的后验概率与其对应的 $\overline{P}_{jlik}$,记为 α_{jlim} 和 $\overline{P}_{jlim}$。其中,$m \in k'_1, k'_2, \cdots, k'_{N_k}$ 表示 α_{jlik} 中符合条件的 k,N_k 表示符合条件的个数。

对测量点使用式(5.20)进行去噪处理后,与第一层次的 EM 算法相同,使用两个不同的 M 步分别更新运动参数 $\boldsymbol{\theta}_{\mathrm{T}}$ 与 GMM 参数 $\boldsymbol{\theta}_{\mathrm{G}}$,首先固定 $\boldsymbol{\theta}_{\mathrm{G}}$,使用信赖域算法[89-90]求解最优运动参数 $\boldsymbol{\theta}_{\mathrm{T}}$:

$$\boldsymbol{\theta}_{\mathrm{T}}^{(s+1)} = \underset{\phi_{jl}}{\mathrm{argmin}} \sum_{jlim} \alpha_{jlim} \| \phi_{jl}(\overline{P}_{jlim}) - \mu_m \|_{\Sigma_m}^2 \tag{5.22}$$

当运动参数更新后将其固定,根据式(5.19)使用完整的后验概率 α_{jlik} 更新 GMM 参数 $\boldsymbol{\theta}_{\mathrm{G}}$。与标准 EM 算法不同,第二层次收敛的条件是运动参数的收敛,并不对 GMM 参数进行收敛判断。在本章中,收敛条件为两次迭代的运动参数二范数不大于给定阈值 ε_2,即

$$\| \boldsymbol{\theta}_{\mathrm{T}}^{(s+1)} - \boldsymbol{\theta}_{\mathrm{T}}^{(s)} \|_2 \leqslant \varepsilon_2 \tag{5.23}$$

5.4　高斯混合模型下分层次空间失稳目标运动估计的实验结果

本节对空间失稳目标进行了一系列实验,评估所提方法分别对 $\omega_{\mathrm{s}} = 15 \sim 37°/\mathrm{s}$,$\omega_{\mathrm{p}} = 3 \sim 14°/\mathrm{s}$ 的空间失稳目标进行的运动估计结果。本章实验用于测试的空间目标包括某卫星模型 A 和某卫星模型 B。某卫星模型 A 的尺寸为 14400mm×4800mm×4400mm,由中国航天系统工程(上海)有限公司提供;某卫星模型 B 的尺寸为 6500mm×2500mm×6000mm,由捕获的图像构成。本章所有实验均在 AMD Ryzen™ 5 5600G 的中央处理器上使用 MATLAB 实现,采用的线阵激光成像雷达的主要参数见表 3.1。

5.4.1 初值设定

EM 算法对初始值十分敏感,倘若初始值选取不当,那么 EM 算法可能收敛较慢,而且极易陷入局部最优,在需要高效、准确地获得运动参数的场景下,EM 算法初始化的关键性不容忽视。本章使用传输模型对参数初始化。具体地,使用传输模型结合 ICP 算法获取初始运动参数,将第一帧点云映射到基准时刻,在映射后的点云中选择 K 个测量点作为 μ_K 的初始值。对于模型来说,K 的选择至关重要,K 过大会导致计算复杂度变高,过小则会降低运动参数估计的准确性。本章采用点云序列每一帧的平均个数和第一帧点云个数之间的较小值作为 K。

本章将高斯混合模型的协方差定义为具有各向同性的数量矩阵[84] $\Sigma_k = \sigma_k I_3$,设每个高斯分量的初始 σ_k 相等,则有

$$\sigma_k = \frac{\| \max[\phi_1(P_1)] - \min[\phi_1(P_1)] \|_2}{\sqrt{M_1}} \quad (5.24)$$

式中,P_1 代表第一帧点云。

由于线阵激光雷达与空间失稳目标之间不断运动,点云序列存在形状差异与自遮挡,加上噪声对点云序列的干扰,需要较多的点云帧数进行计算,但帧数的增加会带来计算量的增加。为评估帧数对估计精度的影响,使用帧数为 4 帧及以上分别求解运动参数平均误差,计算结果如图 5.3 所示。

图 5.3 表明,所提方法的误差随帧数的增加而降低,当取点云帧数为 15 帧及以上时,增加点云帧数不会使误差显著下降。因此,采取 15 帧点云来进行后续计算。

在本章中,第一层次的 EM 算法旨在对参数进行粗估计。第二层次则使用第一层次所获得的 GMM 参数作为初始无噪声点,并对点云测量点进行去噪处理,以便在有噪声情况下也能获得高精度的运动估计。在本节实验中,设定点云序列受到的噪声干扰的标准差为 1%,计算当 $\omega_s = 15 \sim 37°/s$,$\omega_p = 3 \sim 14°/s$ 时,在共计 252 个运动状态下的平均估计误差与标准偏差,以评估所提方法与使用单一层次运动估计的精度与稳定性,结果见表 5.1。此外,采用综合误差降低率 E_{MR}、综合标准偏差降低率 E_{SR} 来衡量运动估计的综合误差,从而验证所提方法的有效性,E_{MR} 和 E_{SR} 分别表示所提方法相较于比较方法的精度提升率和稳定性提升率,其计算表达式为

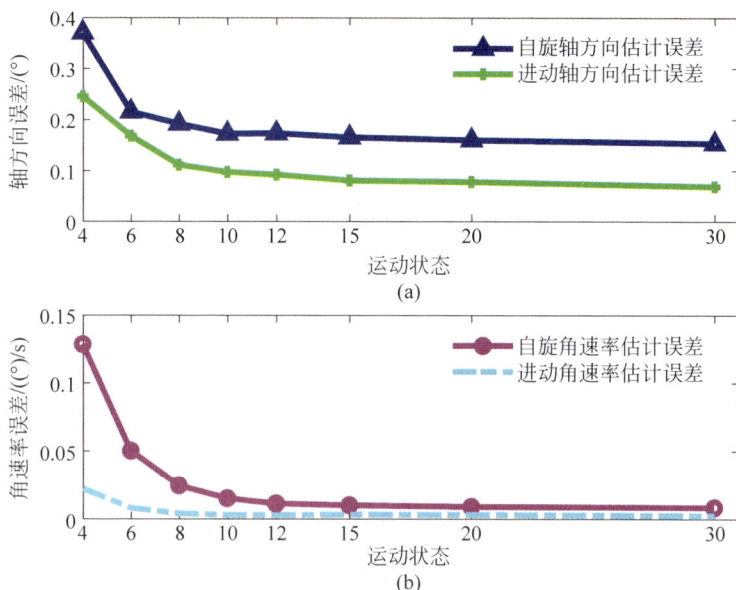

图 5.3　不同点云帧数下的平均估计误差比较

（a）轴方向误差；（b）角速率误差

$$
\begin{cases}
E_{\mathrm{MR}} = 1 - \dfrac{1}{n} \sum_i \dfrac{E_O^{(i)}}{E_P^{(i)}}, & i = 1, 2, \cdots, 5 \\[3mm]
E_{\mathrm{SR}} = 1 - \dfrac{1}{n} \sum_i \dfrac{S_O^{(i)}}{S_P^{(i)}}, & i = 1, 2, \cdots, 5
\end{cases}
\tag{5.25}
$$

式中，$E^{(i)}$、$S^{(i)}$ 分别代表自旋轴方向、自旋角速率、进动轴方向、进动角速率和进动轴位置的平均误差与标准偏差；下标 O、P 分别指代所提方法和与之比较的算法。

表 5.1　单一层次与分层次结果分析

不同的策略	自旋轴方向误差/(°)		自旋角速率误差/((°)/s)		进动轴方向误差/(°)		进动角速率误差/((°)/s)	
	$E^{(1)}$	$S^{(1)}$	$E^{(2)}$	$S^{(2)}$	$E^{(3)}$	$S^{(3)}$	$E^{(4)}$	$S^{(4)}$
第一层次	0.0263	0.0130	0.2222	0.0886	0.0046	0.0056	0.1073	0.0579
第二层次	0.0111	0.0054	0.1915	0.1120	0.0037	0.0051	0.1041	0.0738
本节方法	**0.0109**	**0.0038**	**0.1617**	**0.0719**	**0.0024**	**0.0024**	**0.0771**	**0.0337**

　　从表 5.1 可以看出,仅使用第一层次会缺乏对测量点的去噪处理,在具有噪声的情况下,其平均估计误差相对较高,与仅使用第二层次及所提方法相比差距较大。而当仅使用第二层次时,由于初始高斯中心未经过第一层次的更新,无法稳定地逼近无噪声点,算法的稳定性受到影响,其估计误差的标准偏差相对较高,无法单独用于解决空间失稳目标的运动估计问题。结合式(5.25),所提方法较仅使用第一、二层次时的 E_{MR} 分别提高了 52.35%、35.68%,E_{SR} 分别提高了 57.71%、54.54%。因此,所提方法在精度和稳定性方面均优于仅使用单一层次的方法,进一步验证了采用分层次估计的必要性。

　　不同降噪权重计算出的虚拟点位置不同,对算法的精度也有一定影响。为此,尝试了 3 种权重方案,并对比分析了它们在 1.0% 噪声标准差下的运动参数误差,见表 5.2。这 3 种权重方案分别是协方差对比权重[85] $W^{(1)}$(使用邻域协方差代替未知噪声协方差)、线性相关权重[91] $W^{(2)}$ 和本章基于双曲正切函数的权重,前两者的定义如下:

$$W^{(1)}_{jlik} = \frac{\boldsymbol{\Sigma}_k}{(\boldsymbol{\Sigma}_k + \boldsymbol{\Sigma}_{jli})^{-1}} \tag{5.26}$$

$$W^{(2)}_{jlik} = 1 - \alpha_{jlik} \tag{5.27}$$

式中,$\boldsymbol{\Sigma}_{jli}$ 代表 P_{jli} 的邻域协方差矩阵。

表 5.2　不同降噪权重对比

不同权重	自旋轴方向误差/(°)		自旋角速率误差/((°)/s)		进动轴方向误差 /(°)		进动角速率误差/((°)/s)	
	$E^{(1)}$	$S^{(1)}$	$E^{(2)}$	$S^{(2)}$	$E^{(3)}$	$S^{(3)}$	$E^{(4)}$	$S^{(4)}$
$W^{(1)}$	0.0995	0.0664	0.2304	0.1191	0.0131	0.0094	0.1318	0.0860
$W^{(2)}$	0.0704	0.0470	0.2731	0.1300	0.0109	0.0119	0.1487	0.1167
W	**0.0099**	**0.0038**	**0.1669**	**0.0613**	**0.0034**	**0.0027**	**0.0874**	**0.0433**

　　表 5.2 表明,本章所使用的权重 W 比协方差对比权重[85] $W^{(1)}$ 和线性相关权重 $W^{(2)}$ 对原始测量点的降噪效果更好,可以在有噪声的情况下获取鲁棒性较好的高精度运动参数。

5.4.2　性能分析

　　在本实验中,在点云序列噪声标准差为 1.0% 的情况下,对 DRM[67] 方法、RPM[27]方法、TM[66]方法（基于 ICP）和所提方法在 $\omega_s = 15 \sim 37°/\text{s}$、$\omega_p = 3 \sim 14°/\text{s}$ 共 252 个自旋、进动角速率逐渐增加的运动状态下进行比较。由于 DRM[67]方法、RPM[27]方法只给出了空间目标自旋运动的估计结果，这里仅展示 DRM[67]方法、RPM[27]方法初始自旋轴和自旋角速率的比较结果，而对 TM[66]方法与所提方法展示了自旋与进动的比较结果，如图 5.4 所示。从图 5.4 可以看出，随着进动角速率的增加，DRM[67]方法和

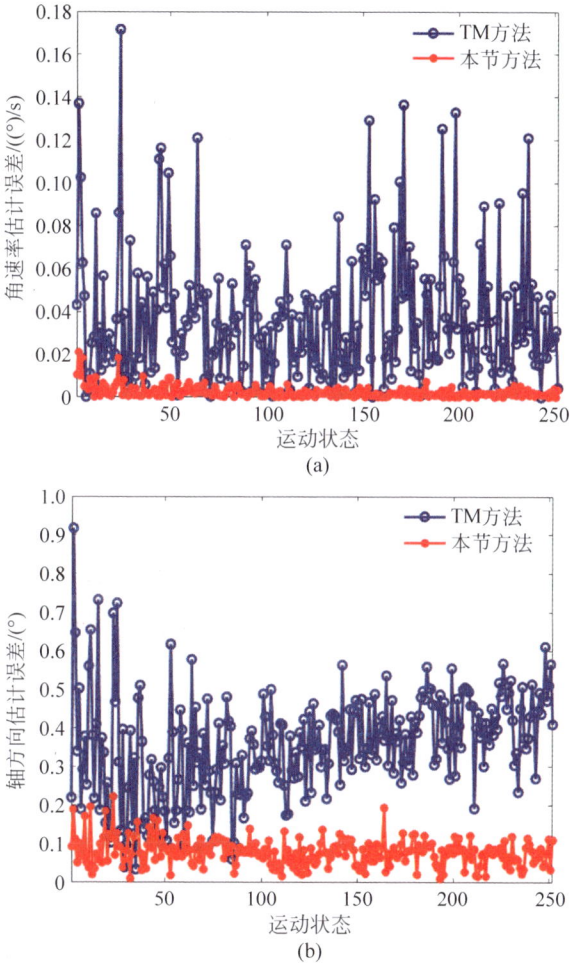

图 5.4　不同运动状态下 DRM[67]方法、RPM[27]方法、TM[66]方法与
所提方法对运动参数估计误差的比较分析

（a）自旋角速率估计误差；（b）初始自旋轴估计误差；（c）进动角速率估计误差；（d）进动轴估计误差

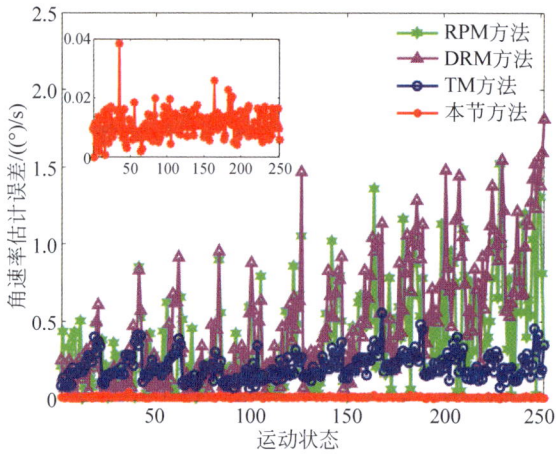

(c)

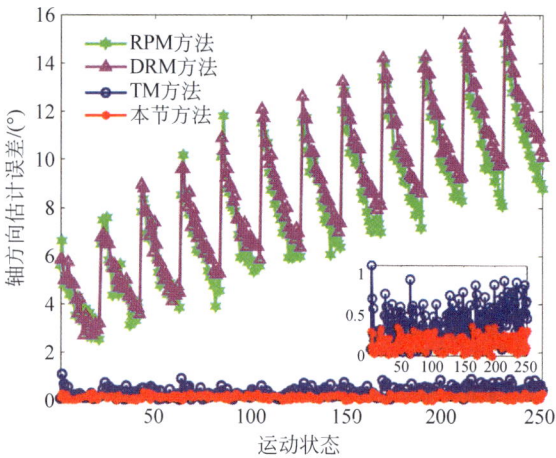

(d)

图 5.4 （续）

RPM[27]方法的误差逐渐增大，无法有效克服由进动引起的帧内运动差异。相比之下，所提方法和 TM[66] 方法在初始自旋轴和自旋角速率的估计方面表现更为优秀，能够在进动角速率增大时保持较好的稳定性，对由进动引起的帧内运动差异不敏感。此外，与 TM[66] 方法相比，所提方法在除自旋角速率精度外的其他方面均表现出明显的优势。

为评估所提方法对不同强度的高斯噪声鲁棒性，对 DRM[67] 方法、RPM[27] 方法、TM[66] 方法与本章所提方法在不同高斯噪声标准差下分别进行评估，如图 5.5 所示。此外，针对某卫星模型 B，在 $l_{s_0} = (0.0179, 0.0078, 0.9998)$，

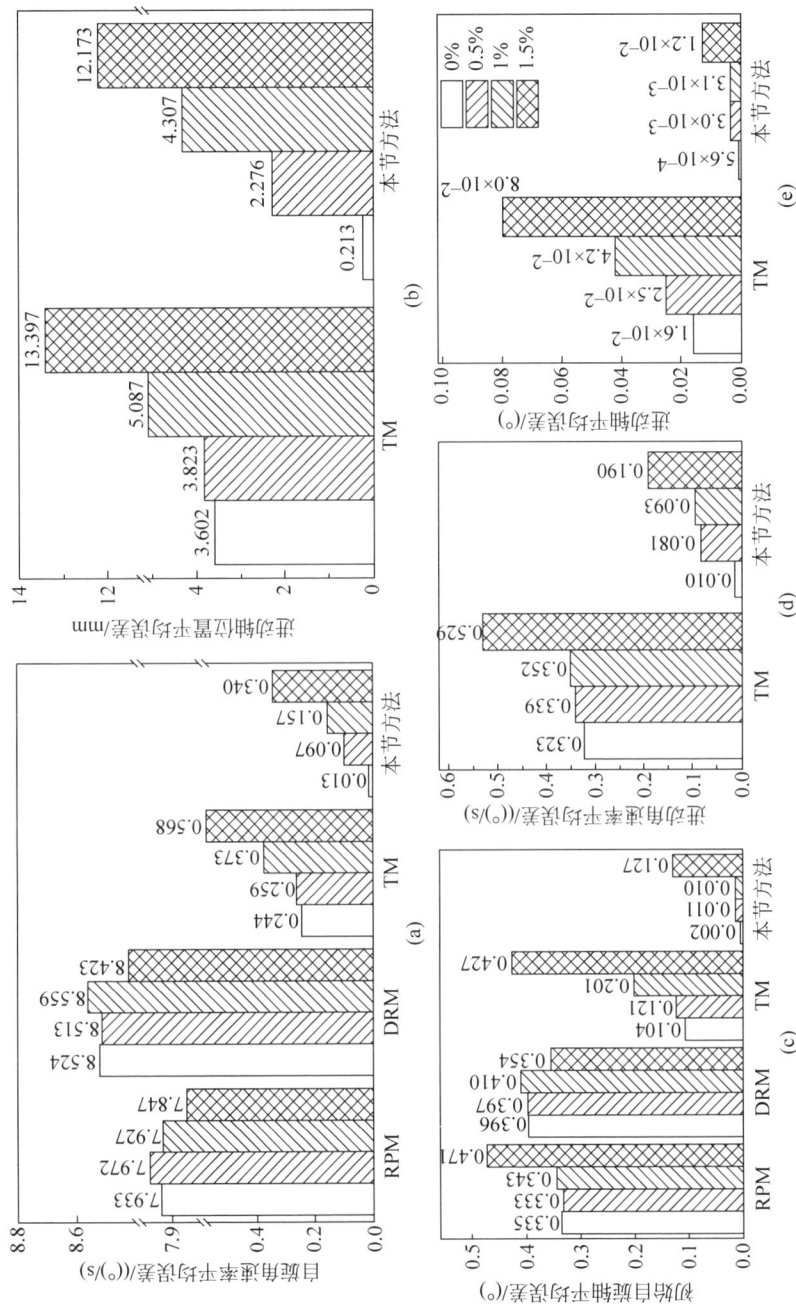

图 5.5　某卫星模型 A 在不同高斯噪声标准差下对 252 不同运动状态下的 DRM[67] 方法、RPM[27] 方法、TM[66] 方法与所提方法的运动估计平均误差分析结果

(a) 自旋角速率平均误差；(b) 进动角速率平均误差；(c) 初始自旋轴位置平均误差；(d) 进动角速率平均误差；(e) 进动轴平均误差

$l_p = (0.0162, -0.4155, 0.9094)$，$O_p = (1476.8, 31.8, 881.8)$，$\omega_p = 14$，$\omega_s = 44$ 的特定条件下，进一步比较了 DRM[67] 方法、RPM[27] 方法、TM[66] 方法与本章所提方法对畸变点云的矫正结果，如图 5.6 所示。

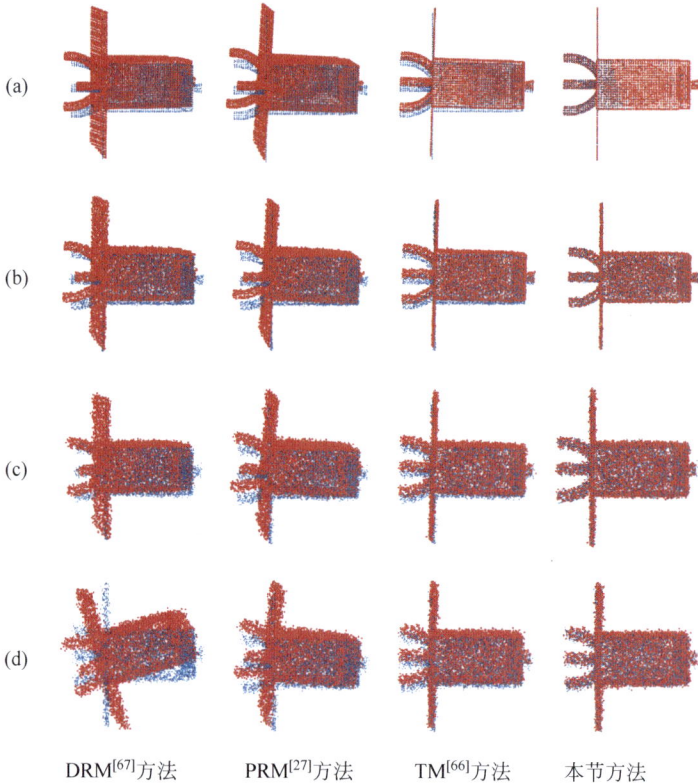

图 5.6　某卫星模型 B 的点云序列中使用 DRM[67] 方法、RPM[27] 方法、TM[66] 方法与所提方法求解运动参数

将第 1 帧与第 5 帧点云映射到基准时刻进行对比分析

(a) 无噪声；(b) 0.5% 噪声；(c) 1% 噪声；(d) 1.5% 噪声

　　结合图 5.5、图 5.6 可以看出，由于 DRM[67] 方法、RPM[27] 方法未考虑进动所带来的帧内差异，在不同噪声标准差下都与 TM 和所提方法有较大差距，对点云序列的矫正效果并不理想。当噪声标准差为 0 时，所提方法较 TM 方法估计在自旋速度、初始自旋轴方向、进动速度、进动轴方向精度和进动轴位置的平均误差均降低了 1 个数量级，而当噪声标准差分别为 0.5%、1.0% 和 1.5% 时，所提方法较 TM 方法的 E_{MR} 分别为 71.64%、66.95%、

53.61%，表明所提方法对噪声的鲁棒性较 TM 方法更强，从图 5.6 中也可以看出，所提方法相较于 TM 方法在不同噪声强度下的矫正效果有更高的重合率。

5.5　小　　结

本章提出了一种基于 EM-GMM 的非合作空间失稳目标分层次运动估计方法。在线阵测量系统下，引入高斯混合模型，建立分层次运动估计方法，利用按列基准映射对空间失稳目标进行运动估计，并使用虚拟点替代原始测量点来抑制噪声对运动估计的影响。实验结果表明，本章方法的精度较第一、二层次下的运动估计平均误差下降了 52.35%、35.68%，虚拟点的添加使得估计精度得到提高。同时，所提方法可以克服因进动导致的帧内运动差异，在 0.5%～1.5% 噪声强度下，平均误差较传统运动估计降低了 71.64%、66.95%、53.61%，获得了精度更高且对噪声更鲁棒的运动估计结果。

参 考 文 献

[1] 黄强先,余夫领,宫二敏,等.零阿贝误差的纳米三坐标测量机工作台及误差分析 [J].光学精密工程,2013,21(3):664-671.

[2] 孙宇阳.基于单幅图像的三维重建技术综述[J].北方工业大学学报,2011,23(1): 9-13.

[3] SHANG Q,RUAN Q,LI X. Target recognition and location based on binocular stereo vision[J].CAAI Transactions on Intelligent Systems,2011,6(4):303-311.

[4] 陈林.面向双目立体视觉图像的匹配技术[D].上海:上海交通大学,2025.

[5] XU D. Review of dynamic obstacle avoidance for autonomous driving based on binocular vision[J]. Highlights in Science,Engineering and Technology,2024,114: 178-184.

[6] 王虹,刘嵩鹤,刘著铭.基于双目立体视觉安全车辆间距测量技术研究[J].交通与 计算机,2007,25(6):90-93.

[7] 邸红采,金永乔,胡华洲,等.机器人铣削加工变形误差视觉测量与补偿[J].制造 业自动化,2022,44(6):28-31.

[8] 胡启阳,王大轶.基于双目视觉的非合作目标自主姿态估计方法[J].深空探测学 报,2019,6(4):341-347.

[9] 颜坤.基于双目视觉的空间非合作目标姿态测量技术研究[D].成都:中国科学院 光电技术研究所,2018.

[10] LI H,WANG Y,ZHANG Y. Research on multi-visual measurement technology for dynamic targets in complex environment[J]. International Journal of Advanced Engineering and Technology,2020,15(6):123-135.

[11] ZHANG Y,LI H,WANG Y. Application of multi-visual measurement technology in biological behavior research[J].Journal of Biological Sciences and Technology, 2019,20(5):32-40.

[12] KIM J,PARK S,LEE K. Research on multi-visual measurement technology for human motion capture[J].Journal of Biomechanics and Engineering,2018,30(4): 78-85.

[13] LIU Y,ZHANG Y,LI H. Application of multi-visual measurement technology in dynamic target tracking of UAV group[J]. Journal of Modern Science and Technology,2020,25(3):45-52.

[14] 鲍茜.基于结构光的动态目标的三维测量研究[D].南京:江苏科技大学,2019.

[15] 车建强.基于结构光的彩色模型三维测量技术研究[D].南京：南京航空航天大学,2015.

[16] 刘涛.面向汽车复杂零部件的自动化测量关键技术研究[D].天津：天津大学,2018.

[17] 罗意平,李学雷,王峰,等.基于线结构光的轮对踏面测量方法研究[J].铁道科学与工程学报,2005(3)：75-77.

[18] LI S,LIANG B,GAO X,et al. Pose measurement method of non-cooperative circular feature based on line structured light[C]//2016 IEEE International Conference on Information and Automation(ICIA),Ningbo,China.[S. l. ;s. n.], 2016：374-380.

[19] HUANG K,LUO Z W,QUAN J Y,et. al,Non-cooperative target recognition technology based on line structured light[C]//Proceedings of 2024 Chinese Intelligent Systems Conference. Springer,Singapore,2024,1285：95-110.

[20] 孙日明,林婷婷,季霖,等.空间失稳目标线阵激光成像建模及参数优化[J].光学精密工程,2018,26(6)：9.

[21] LI Z,LIU B,WANG H,et al. Advancement on target ranging and tracking by single-point photon counting lidar[J]. Optics Express,2022, 30 (17)： 29907-29922.

[22] 储昭碧,李子朋,高金辉.一种基于双目相机与单点激光测距仪的标定方法[J].仪器仪表学报,2023,44(5)：232-239.

[23] 王鹤,李泽明.激光测距仪与相机信息融合过程中位姿标定方法[J].红外与激光工程,2020,49(4)：151-158.

[24] 孙日明,杨苡辰,马永峰,等.空间失稳目标的高精度运动估计方法[J].红外与激光工程,2021,50(1)：313-321.

[25] 刘博,于洋,姜朔.激光雷达探测及三维成像研究进展[J].光电工程,2019, 46(7)：21-33.

[26] STEVENSON G,VERDUN H R,STERN P H,et al. Testing the helicopter obstacle avoidance system[C]//SPIE's 1995 Symposium on OE/Aerospace Sensing and Dual Use Photonics. International Society for Optics and Photonics, Orlando,FL,United States.[S. l. ;s. n.],1995：93-103.

[27] 李荣华,李金明,陈凤,等.高轨失稳目标单载荷相对位姿测量方法[J].宇航学报,2017,38(10)：1105-1113.

[28] 孙明国,高鹏骐,沈鸣,等.空间目标的激光和光学两种观测技术联合定位[J].激光与光电子学进展,2015,52(7)：6.

[29] CHEN Z,LIU B,LIU E,PENG Z. Electro-optic modulation methods in range-gated active imaging[J]. Applied Optics,2016：55(3)：184-190.

[30] 姜燕冰.面阵成像三维激光雷达[D].杭州：浙江大学,2025.

[31] MARINO R M,STEPHENS T,HATCH R E,et al. A compact 3D imaging laser

radar system using Geiger-mode APD arrays: System and measurements[C]// Laser Radar Technology and Applications VIII, Orlando, Florida, United States. [S. l. :s. n.],2003,5086: 1-16.

[32]　MARINO R M, DAVIS W R Jr. Jigsaw: A foliage-penetrating 3D imaging laser radar system[J]. Lincoln Laboratory Journal,2005,15(1): 23-36.

[33]　SCHULTZ K I, KELLY M W, BAKER J J, et al. Digital-pixel focal plane array technology[J]. Lincoln Laboratory Journal,2014,20(2): 36-51.

[34]　BUSCK J, HEISELBERG H. Gated viewing and high-accuracy three-dimensional laser radar[J]. Applied Optics,2004,43(24): 4705-4710.

[35]　LAURENZIS M, CHRISTNACHER F, MONNIN D. Long-range three-dimensional active imaging with superresolution depth mapping[J]. Optics Letters,2007,32(21): 3146-3148.

[36]　ZHANG X D, YAN H M, JIANG Y B. Pulse-shape-free method forlong-range three-dimensional active imaging with high linear accuracy[J]. Optics Letters, 2008,33(11): 1219-1221.

[37]　JIN C F, ZHAO Y, SUN X D, et al. Scannerless gain-modulated three-dimensional laser imaging radar[C]//Lidar Remote Sensing for Environmental Monitoring XII, San Diego, California, United States. [S. l. : s. n.],2011,8159: 1-15.

[38]　CHEN Z, LIU B, WANG S J, et al. Polarization-modulated three-dimensional imaging using a large-aperture electro-optic modulator[J]. Applied Optics,2018, 57(27): 7750-7757.

[39]　MCMANAMON P F. Review of ladar: A historic, yet emerging, sensor technology with rich phenomenology [J]. Optical Engineering, 2012, 51(6): 060901.

[40]　NOBILI S, DOMINGUEZ S, GARCIA G, et al. 16 channels Velodyne versus planar LiDARs based perception system for Large Scale 2D-SLAM[C]//7th Workshop on Planning, Perception and Navigation for Intelligent Vehicles, Hamburg, Germany. [S. l. :s. n.],2015: 131-136.

[41]　KIM J D, JUNG J K, JEON B C, et al. Wide band laser heat treatment using pyramid polygon mirror[J]. Optics and Lasers in Engineering,2001,35(5): 285-297.

[42]　王建宇,洪光烈,卜弘毅,等. 机载扫描激光雷达的研制[J]. 光学学报,2009, 29(9): 2584-2589.

[43]　DO CARMO J P. Imaging LIDAR technology developments at the European Space Agency[C]//International Conference on Applicationsof Optics and Photonics, Braga, Portugal. [S. l. :s. n.],2011,8001: 800129.

[44]　HOFMANN U, SENGER F, SOERENSEN F, et al. Biaxial resonant 7mm-MEMS mirror for automotive LIDAR application [C]//2012 International

Conference on Optical MEMS & Nanophotonics，Banff，AB，Canada．[S. l. : s. n.]，2012：150-151．

[45] 王盈，黄建明，刘玉，等.空间目标激光雷达成像仿真技术[J].红外与激光工程，2016，45（9）：102-107．

[46] ZHANG J，CAO J，LIU X，et al. Point cloud normal estimation via low-rank subspace clustering[J]. Computers & Graphics，2013，37（6）：697-706．

[47] PAULY M，KSISER R，KOBBELT L P，et al. Shape modeling with point-sampled geometry[C]//ACM Sigmod Record．[S. l. :s. n.]，2003：641-650．

[48] HE G，YANG J，BEHNKS S. Research on geometric features and point cloud properties for tree skeleton extraction[J]. Personal & Ubiquitous Computing，2018（4）：1-8．

[49] MONTANHER T，NEUMAIER A，DOMES F. A computational study of global optimization solvers on two trust region subproblems[J]. Journal of Global Optimization，2018，71（4）：915-934．

[50] LAGARIAS J C，REEDS J A，WRIGHT M H，et al. Convergence properties of the nelder-mead simplex method in low dimensions[J]. SIAM Journal of Optimization，1998，9（1）：112-147．

[51] JIANG H，BO J，LIN L，et al. Structured Quasi-Newton methods for optimization with orthogonality constraints[J]. SIAM Journal on Scientific Computing 2019，41（4）：A2239-A2269．

[52] SHIRANGI M G，EMERICK A A. An improved TSVD-based Levenberg-Marquardt algorithm for history matching and comparison with Gauss-Newton [J]. Journal of Petroleum Science and Engineering，2016，143：258-271．

[53] KENNEDY J，EBERHART R C. Particle swarm optimization[C]// Proceedings of IEEE International Conference on Neural Networks. Perth：IEEE，[S. l. : s. n.]，1995：1942-1948．

[54] CHIH M，LIN C J，CHREN M S，et al. Particle swarm optimization with time-varying acceleration coefficients for the multidimensional knapsack problem[J]. Applied Mathematical Modelling，2014，38（4）：1338-1350．

[55] 姜建国，田旻，王向前，等.采用扰动加速因子的自适应粒子群优化算法[J].西安电子科技大学学报，2012，39（4）：74-80．

[56] 李学俊，徐佳，朱二周，等.任务调度算法中新的自适应惯性权重计算方法[J].计算机研究与发展，2016，53（9）：1990-1999．

[57] YANG Y C，ZHANG T X，YI W，et al. Multi-static radar power allocation for multi-stage stochastic task of missile interception[J]. IET Radar Sonar and Navigation，2018，12（5）：540-548．

[58] 孙日明，李江道，林婷婷，等.空间失稳目标线阵成像畸变校正方法[J].红外与激光工程，2019，48（9）：1-10．

[59] SONG J,CAO C. Pose Self-measurement of noncooperative spacecraft based on solar panel triangle structure[J]. Journal of Robotics,2015: 1-6.

[60] GAO X,LIANG B,DU X,et al. Pose measurement of large non-cooperative satellite using structured light vision sensor [C]//2012 IEEE International Conference on Information Science and Technology,Wuhan,China. [S. l. : s. n.], 2012: 101-108.

[61] DU X,LIANG B,XU W,et al. Pose measurement of large non-cooperative satellite based on collaborative cameras[J]. Acta Astronautica,2011,68(11/12): 2047-2065.

[62] ZHANG D,YANG G,JI J,et al. Pose measurement and motion estimation of non-cooperative satellite based on spatial circle feature[J]. Advances in Space Research,2023,71(3): 1721-1734.

[63] MENG C,LI Z,SUN H,et al. Satellite pose estimation via single perspective circle and line[J]. IEEE Transactions on Aerospace and Electronic Systems 2018, 54(6): 3084-3095.

[64] PENG J,CHEN D,XU W,et al. An efficient virtual stereo-vision measurement method of a space non-cooperative target[C]//2018 13th World Congress on Intelligent Control and Automation(WCICA),Changsha,China. [S. l. : s. n.], 2018: 7-12.

[65] BESL P J,MCKAY N D. A method for registration of 3-D shapes[J]. IEEE Transactions on Pattern Analysis and Machine Intelligence,1992, 14 (2): 239-256.

[66] SUN R,YANG Y C,MA Y F,et al. A transmission model for motion estimation of instability space targets[J]. Computers and Graphics,2021,98: 29-36.

[67] XU X,SHEN Z,ZHAO J,et al. Rotational motion estimation of non-cooperative target in space based on the 3D point cloud sequence[J]. Advances in Space Research,2022,69(3): 1528-1537.

[68] QIN X,MAO J. Noise reduction for lidar returns using self-adaptive wavelet neural network[J]. Optical Review,2017,24: 416-427.

[69] ZHANG X Y,WANG F X,LIU X F,et al. Fast surface signal extraction method for photon point clouds with strong background noise without prior altitude information[J]. Optics Express,2024,32(5): 8101-8121.

[70] ZHOU Z,HUA D,WANG Y,et al. Improvement of the signal to noise ratio of Lidar echo signal based on wavelet de-noising technique[J]. Optics and Lasers in Engineering,2013,51(8): 961-966.

[71] ITZLER M A,KRISHNAMACHARI U,ENTWISTLE M,et al. Dark count statistics in Geiger-mode avalanche photodiode cameras for 3-D imaging LADAR [J]. IEEE Journal of Selected Topics in Quantum Electronics, 2014, 20 (6):

318-328.

[72] 王旭明.PandaX 实验放射性本底控制与分析[D].上海：上海交通大学,2017.

[73] 柴国贝.激光雷达成像特征分析及应用研究[D].西安：西安电子科技大学,2016.

[74] 解光勇.光电探测器噪声特性分析[J].信息技术,2008(11)：8-10.

[75] 黄洪昌,杨运强,李君兰,等.航天器太阳电池阵热-结构分析研究进展[J].电子机械工程,2012,28(4)：1-7.

[76] 薛豪鹏.空间失稳非合作目标线阵激光雷达成像机理及三维重建[D].大连：大连交通大学,2020.

[77] 邓威,樊青青,李俊红,等.MEMS 压电矢量水听器低噪声前置放大电路[J].压电与声光,2024,46(4)：550-554.

[78] 寇朋飞.半导体激光器的光 $1/f$ 噪声检测技术研究[D].长春：长春理工大学,2022.

[79] 高峰.成像激光雷达系统仿真及实验研究[D].长春：长春理工大学,2012.

[80] 颜志强.基于 ToF 相机的空间非合作目标近距离位姿测量技术研究[D].哈尔滨：哈尔滨工业大学,2023.

[81] 李楠.激光雷达光接收机噪声的理论建模与实验研究[D].南京：南京理工大学,2016.

[82] BISHOP C M. Pattern recognition and machine learning[M]. New York：Springer New York,2006.

[83] RASOULIAN A,ROHLING R,ABOLMAESUMI P. Group-wise registration of point sets for statistical shape models[J]. IEEE Transactions on Medical Imaging,2012,31(11)：2025-2034.

[84] EVANGELIDIS G D,HORAUD R. Joint alignment of multiple point sets with batch and incremental expectation-maximization[J]. IEEE Transactions on Pattern Analysis and Machine Intelligence,2018,40(6)：1397-1410.

[85] FORTUN D,BAUDRIER E,ZWETTLER F,et al. Multiview point cloud registration with anisotropic and spatially varying localization noise[J]. SIAM Journal on Imaging Sciences,2025 18(1),280-307.

[86] HORAUD R,FORBES F,YGUEL M,et al. Rigid and articulated point registration with expectation conditional maximization[J]. IEEE Transactions on Pattern Analysis and Machine Intelligence,2011,33(3)：587-602.

[87] DEMPSTER A P,LAIRD N M,RUBIN D B. Maximum likelihood from incomplete data via the EM algorithm[J]. Journal of the Royal Statistical Society：Series B：Methodological,1977,39(1)：1-22.

[88] MENG X L,RUBIN D B. Maximum likelihood estimation via the ECM algorithm：A General Framework[J]. Biometrika,1993,80(2)：267-278.

[89] LOURAKIS M I A. A brief description of the Levenberg-Marquardt algorithm

implemented by levmar[J]. Foundation of Research and Technology,2005,4(1): 1-6.

[90] MARQUARDT D W. An algorithm for least-squares estimation of nonlinear parameters[J]. Journal of the Society for Industrial and Applied Mathematics, 1963,11(2): 431-441.

[91] MYRONENKO A,SONG X B. Point set registration: Coherent point drift[J]. IEEE Transactions on Pattern Analysis and Machine Intelligence,2010,32(12): 2262-2275.

[92] BISHOP C M. Pattern recognition and machine learning[M]. New York: Springer New York,2006.